T0131511

*i***blu** pagine di scienza

Lorenzo Monaco

Water trips

Itinerari acquatici ai tempi della crisi idrica

Springer

LORENZO MONACO
Tecnoscienza, Bologna

Collana i blu - pagine di scienza ideata e curata da Marina Forlizzi

ISBN 978-88-470-1368-1   e-ISBN 978-88-470-1369-8

DOI 10.1007/978-88-470-1369-8

© Springer-Verlag Italia, Milano 2010

Coordinamento editoriale: Barbara Amorese
Progetto grafico della copertina: Simona Colombo, Milano
Rielaborazione grafica: Ikona s.r.l., Milano
Impaginazione: Ikona s.r.l., Milano
Stampa: Grafiche Porpora, Segrate, Milano

Stampato in Italia
Springer-Verlag Italia S.r.l., via Decembrio 28, I-20137 Milano
Springer-Verlag fa parte di Springer Science+Business Media (www.springer.com)

Prefazione

Negli ultimi anni le numerose crisi idriche, che si sono succedute sia a livello mondiale che locale, hanno portato alla ribalta le enormi problematiche legate all'uso dell'acqua. Lunghi ed eccezionali periodi siccitosi si sono alternati a spesso brevi ma violente precipitazioni; così alluvioni e nubifragi hanno causato vittime e danni ovunque nel mondo. Sembra che "l'equilibrio" a cui eravamo abituati, caratterizzato da regimi idrologici e climatici storici, sia saltato e che ora viviamo una fase di transizione e mutamento, in gran parte caratterizzata da eventi estremi. Il cambiamento climatico in atto sembra sia la causa principale di tutto ciò, ma non bisogna dimenticare e sottovalutare lo sconsiderato sfruttamento delle acque e del territorio e l'irrefrenabile aumento dei consumi che continuiamo ad avere. La nostra impronta idrica media mondiale, cioè il volume totale di acqua necessaria a produrre tutti i beni e servizi a noi necessari, è di 1,24 milioni di litri *pro capite* l'anno, equivalenti a metà del volume di una piscina olimpionica; nonostante sia un dato medio e che l'impronta idrica dipenda interamente da dove e quando l'acqua viene prelevata, il dato è certamente indicativo e preoccupante.

È necessario cambiare approccio all'acqua, dobbiamo considerare un'adeguata gestione e tutela di fiumi, laghi e falde idriche, è indispensabile cercare soluzioni nuove che consentano di affrontare con maggior efficacia i cambiamenti in atto e, soprattutto, che ci consentano di modificare quei comportamenti controproducenti che caratterizzano ancora il nostro agire.

Sul Po, il più grande fiume e bacino idrografico italiano, per esempio, si continua a progettare e realizzare interventi per una sua regimazione e artificializzazione spinta, nonostante da recenti studi, nei quali sono stati caratterizzati i deflussi giornalieri alla chiusura del bacino del Po tra il 1817 ed il 2005, sia risultato che i prolungati periodi di siccità, dovuti alle modificazioni delle precipitazioni e dei tassi di evapotraspirazione (erosione della riserva idrica a scala di bacino) e l'intensificazione degli eventi di piena catastrofica, non dipenderebbero direttamente dal *climate change* bensì dalla massiccia realizzazione delle opere di difesa.

Dobbiamo sviluppare la capacità di affrontare il cambiamento per promuovere attive politiche di adattamento; un nuovo approccio culturale che passa attraverso una maggior conoscenza e consapevolezza dei problemi e il coinvolgimento e la partecipazione nella ricerca di soluzioni condivise. Questo *Water trips. Itinerari acquatici ai tempi della crisi idrica* fornisce un'inusuale e originale visione delle questioni idriche, contribuendo al loro approfondimento e alla loro conoscenza. Senza cadere in luoghi comuni, infatti, *Water trips* riesce da subito a suscitare interesse e curiosità accompagnando il lettore in un arguto e singolare itinerario alla scoperta di aspetti sconosciuti dell'*oro blu*. L'acqua è un problema di tutti, nessuno escluso, non possiamo esimerci dall'essere informati del suo stato e dall'essere coinvolti dalle sue problematiche, siano esse strettamente locali che mondiali. L'acqua, con il suo ciclo, il suo ruolo regolatore nei fondamentali processi viventi, ci da la reale dimensione della Terra come unità e comunità globale dal Rio delle Amazzoni al Po, dai poli ai deserti. Quindi "partecipazione" alla ricerca di soluzioni e comportamenti responsabili e virtuosi per una corretta tutela e gestione dell'acqua, affinché questa possa essere ancora disponibile per le generazioni future.

Molto si sta muovendo a livello internazionale e, a fianco di dichiarazioni e proclami spesso poco efficaci, si è sviluppata una normativa che obbliga gli Stati nazionali ad agire. L'Unione Europea ha da tempo promosso provvedimenti specifici, come la Direttiva Quadro Acque 2000/60/CE per la protezione della risorsa idrica e per raggiungere il "buono stato ecologico" dei corpi idrici superficiali, attraverso la realizzazione di piani di gestione di bacino idrografico. Piani basati sulla caratterizzazione ambientale, su accurate analisi delle pressioni e degli impatti ambientali e su altrettante accurate analisi economiche. Inoltre, la direttiva prevede (art. 14) un percorso di informazione e consultazione pubblica nella redazione dei piani che deve consentire il coinvolgimento diretto di cittadini e associazioni per renderli partecipi delle scelte finali del piano stesso. Si tratta di una svolta culturale, non ancora pienamente recepita nel nostro Paese, però indispensabile per favorire il cambiamento e garantire la disponibilità d'acqua in qualità e quantità per noi e le generazioni a venire.

4 settembre 2009

Andrea Agapito Ludovici
Responsabile Acque WWF Italia

Indice

Partenza: l'anello spezzato

Per iniziare un viaggio sull'acqua si può partire da qualsiasi luogo. Si può cominciare seguendo un fiume a ritroso, come facevano gli esploratori del passato, o abbandonarsi alla corrente come Ulisse. Si può intraprendere un viaggio metaforico osservando i campi aridi di una qualche zona del Sahel, spalancati verso l'alto nella speranza di una nuvola, o piazzarsi sulle poltroncine delle aule affollate dei forum internazionali, dove i potenti della Terra parlano di crisi idrica confortati dalla presenza laterale di bottiglie sigillate e colme di acqua minerale. Un viaggio sull'acqua può partire dalla scrivania sommersa di documenti in un ufficio tecnico di un acquedotto o da un laboratorio specializzato che gioca con temperatura e pressione per svelare il mistero delle geometrie dei fiocchi di neve. Si può cominciare anche da una comune pozzanghera o da un ciottolo fluviale di una strada del centro città. Ma anche da un pomodoro, da una mucca, da un platano o da un pellicano. Tutto – veramente *tutto* – ciò che si muove sulla superficie della Terra ha (o ha avuto) a che fare con l'acqua, una sostanza chimica straordinaria che riesce a disciogliere e trasportare la materia, modellare la forma e cullare la vita del nostro pianeta.

Io però preferisco partire da un'idea. Una figura geometrica: la circonferenza.

Il circolo è l'immagine comunemente usata per rappresentare l'infinito movimento dell'ossido di idrogeno (il nome tecnico di ciò che esce dal rubinetto), ma la circonferenza è anche l'ente più paradossale tra le figure che la tradizione attribuisce a Euclide. Priva di lati e angoli, sembra allergica a qualsiasi righello. Invece la sua definizione matematica scuote ogni capacità immaginativa: la circonferenza è un poligono dai lati *infiniti*. Può contenere tutte le figure con un numero limitato di lati. All'interno di una circonferenza si può disegnare un triangolo che con i suoi vertici la tocchi in tre punti, ma ci possono stare anche un rettangolo, un pentagono, un esagono. E così via. Se continuassimo con questo gioco (una perversione che ho visto fare veramente a dei matematici, nel loro tempo libero) vedremmo che ogni volta che si aggiunge un lato, coinvolgendo un nuovo punto, il poligono in qualche modo si allarga sempre di più verso la circonferenza. Se potessimo usare il righello una quantità infinita di volte, collegando tutti gli infiniti punti, alla fine il poligono apparirà come un circolo.

Calando la geometria nella fisica dell'ossido di idrogeno si ottiene il ciclo dell'acqua. Noi viviamo lì. Anzi, non siamo che semplici punti della grande circonferenza (acqua sporca di proteine, grassi, carboidrati e altre cosucce chimiche di cui siamo composti o che ingolliamo più o meno volontariamente). Minuscoli e puntiformi, non possiamo che avere una prospettiva limitata: vediamo solo qualche scorcio minimo dell'*Infinito Poligono*. Qualche tubo, canali di scolo, piccoli tratti di fiumi (sono quelle fugaci macchie grigie e marroni che talvolta si intravedono dalle autostrade) o, al massimo, un lembo di lago o di mare.

Possiamo però immaginarlo. La prima volta che ho *visto* il ciclo dell'acqua era in un sussidiario scolastico. Era una grande circonferenza blu – il colore con cui sin dall'asilo ci obbligano a disegnare l'acqua, nonostante la nostra esperienza la maggior parte delle volte ce la faccia apparire trasparente – e univa in un grande circolo perfetto un monte su cui cadeva la pioggia, un lindo laghetto di alta quota, un fiumiciattolo che scorreva lungo una valle con una piccola cittadina felice, un boschetto, il mare, le nuvole e ancora la pioggia. L'immagine era in effetti un po' scialba, ma ne fui ugualmente affascinato. E confortato: un *Grande Anello* mosso dal Sole e dalla forza della gravità si occupava di connettere la terra, il mare e il cielo, garantendo e riciclando *per sempre* le condizioni base della vita (uno stato della materia piuttosto bistrattato, ma a cui sono affezionato tuttora).

Il mondo moderno però sembra aver strappato la mappa ingenua della nostra infanzia. Ovunque ci giriamo, troviamo solo dubbi e rubinetti che ci guardano inquieti, curvi come punti interrogativi di metallo. Cosa esce veramente dal tubo? Ci si può fidare? Da dove viene? E fino a quando continuerà a uscire? In effetti all'acqua sta accadendo qualcosa. Misteri chimici aleggiano nelle tubature che si perdono in ancor più misteriosi orizzonti. Il Grande Anello poi sembra schizofrenico. Da un lato continua a devastare campi e città, nonostante la scienza abbia raffinato da secoli modalità di difesa, mentre dall'altro le falde, i laghi e i fiumi si stanno prosciugando in tutto il pianeta. Il Rio Bravo non riesce più a portare l'acqua in Messico, il Colorado è praticamente in secca dal 1993, il lago di Aral in Asia centrale si sta trasformando in un deserto silenzioso. E si potrebbero fare centinaia di esempi in tutto il mondo. Ha sete la Cina, l'India, l'Afghanistan. A ogni congresso e a ogni incontro pubblico si moltiplicano gli appelli apocalittici (strano periodo: un tempo gli oracoli parlavano *dalle* fonti, non *sulle* fonti). Secondo le Nazioni Unite, per esempio, entro il 2030 metà della popolazione mondiale vivrà forti carenze idriche. E molti esperti di futurologia profetizzano un avvenire fatto di deserti e guerre combattute sotto il segno dell'acqua. Il ciclo idrico è in completa crisi.

Chiusi nelle nostre case e impacchettati all'interno delle città, è difficile vedere l'entità della questione. Inoltre, la conoscenza che abbiamo delle nostre riserve d acqua è scandalosamente scarsa. Alzi la mano chi ha mai comprato un libro di idrologia o chi ha mai fatto una gita per vistare il fiume della propria città e per seguirlo nel suo peregrinare tra valli e pianure ("Cara, hai messo in valigia i repellenti antizanzare? Ah, e porta un fucile per le nutrie").

Se vogliamo provare a capire cosa sta accadendo, dobbiamo tornare a viaggiare per le vie della nostra acqua. Non è detto che si scoprano moderni Eldoradi o nuove sorgenti. Semplicemente possiamo provare a disegnare una mappa della situazione, come gli antichi esploratori che si spingevano con taccuini in territori sconosciuti e potenzialmente ostili. Il libro che avete tra le mani, oltre a cercare di schizzare un disegno per capire come sta l'acqua che ci è più vicina (quella che pur non avendo sapore definiamo *dolce*), vuole suggerire questo: bisogna fare un'esperienza personale dell'acqua. Chiunque sia animato da curiosità o voglia di scienza dovrebbe provare a immergersi nell'idrosfera privata che lo sostiene e alimenta, seguendo a ritroso i tubi e i canali. Certo, non riusciremo mai a fare tutto il giro: potremo però percorrere alcuni degli infiniti lati in cui è spezzata la circonferenza dell'ac-

Il lato B della città

A corpo più nobile compete luogo più nobile;
ora l'acqua è corpo più nobile della terra;
quindi all'acqua compete un luogo più nobile.

Dante Alighieri, *Questio de Aqua et Terra*

Entrare in un bagno – con consapevolezza, intendo – è un'esperienza che può dare i brividi. Dai muri spuntano tubi ricurvi che riversano a comando acqua nascosta da qualche parte là fuori; nel suolo si aprono pozzi liquidi collegati a brulicanti forme di vita e a ecosistemi alieni. Il bagno è una sorta di tempio laico dedicato al dio Nettuno, addobbato con simulacri di vita acquatica (in genere pesci, conchiglie e paperette di gomma). Ma sotto le piastrelle si nasconde un lato oscuro che sta trasformando l'acqua in qualcosa di diverso. Il WC è la porta che può trascinarci verso questo mondo.

Ma andiamo con calma. Per capire che avvenne – e come ci siamo ritrovati in questa situazione oggi – dobbiamo fare un viaggio nel tempo e nello spazio, andando nella Londra dell'Ottocento. Visto che ci siamo però, arrotoliamo ancora un po' il nastro del tempo per precipitare tra le baracche cadenti e fumose della capitale inglese del XVI secolo, una città puzzolente e piena di marciume, dove, tra peste e tifo, le morti superavano le nascite (il Tamigi però stava bene: si pescava e, raccontano le cronache, addirittura vi penetravano le balene).

Il primo prototipo di WC nasce qui nella mente di un giovane trentenne con baffeti, gorgiera e il pallino della metrica giambica: John Harington, figlioccio della regina Elisabetta I e poeta. Harington, già allontanato da corte per le sue traduzioni dei licenziosi versi dell'Ariosto (che amava divulgare tra le damigelle), era un giovanotto con l'insana tendenza a mettersi nei guai.

Nel 1596 scrisse *Metamorphosis of Ajax*, un pamphlet in cui voleva far satira della società elisabettiana. La metafora utilizzata era una sua invenzione: l'Ajax. Questo apparecchio dal nome omerico, Aiace, era una piccola cisterna di acqua riempita a mano che serviva a portare le deiezioni nei pozzi neri di palazzo. Era un'evoluzione del pitale (in inglese antico *jakes*, da cui l'epico Ajax) con una novità: per allontanare i rifiuti usava l'acqua. Harington ne aveva costruito un modello per la sua casa a Kelston, nel Somerset, e ne aveva prodotto uno più raffinato, ingentilito da raso e pizzi, per la regina. Non ebbe però il successo sperato. Sembra fosse troppo rumoroso[1]. E d'altronde non ebbe troppi fan nemmeno il poema di Harington, che fu immediatamente e nuovamente espulso da corte come uno dei suoi omerici rifiuti.

Dimenticato, il *water closet* ha dovuto aspettare altri 200 anni per essere reinventato. Due lunghi secoli di vasi da notte svuotati dalle finestre o il cui contenuto veniva diligentemente stoccato in qualche luogo per essere usato nella concimazione (anche se i più abbienti sapevano distinguersi, come ci fa intuire un'ordinanza del Re Sole che rendeva obbligatoria la rimozione degli escrementi abbandonati tra i tappeti di Versailles). All'inizio dell'Ottocento però – grazie ad Alexander Cummings, un orologiaio londinese che nel 1775 brevettò il sifone, e a Joseph Bramah, un fabbro dello Yorkshire, che nel 1778 ideò anche il primo modello di vaso a sciacquone – il WC è praticamente pronto. Uno strumento intuitivamente igienico, tenuto dentro un comodo armadietto (il *closet*) che poteva rapidamente trasportare i rifiuti lontano da casa.

Questo marchingegno non si impose immediatamente. Il sistema conviveva con quello dei *nightsoil men*, i furtivi operatori notturni il cui compito era l'eliminazione degli escrementi dai pozzi neri delle case per portarli in campagna dove servivano a far crescere frumento e ortaggi.

A poco a poco però, accadde: le famiglie più ricche, a Londra come a Parigi, cominciarono a installare i WC e a collegare le proprie case a tutto quel sistema di canali e canalette concepito per allontanare l'acqua piovana dalle città.

Ci siamo. È in questo periodo che l'ecologia si avvia verso una fase nuova. Nelle città, grazie al WC, per la prima volta i rifiuti di origine umana (composti da azoto e fosforo, nonché un'enorme

---

[1] Ma forse al suo fallimento contribuì la stessa Elisabetta I, le cui passioni non contemplavano l'igiene: la regina si vantava di lavarsi una volta al mese.

quantità di fibre carboniose) entrano in maniera pianificata, per ragioni igieniche, nel ciclo idrico. È una novità assoluta, prima di allora le deiezioni venivano sparse o portate direttamente nell'ambiente. Buona parte dell'azoto e del fosforo era utilizzata dalle piante e rientrava in circolo tramite le catene alimentari terrestri. Ora, le stesse quantità finiscono nell'acqua e si immettono in *altre* catene alimentari che nutrono *altri* organismi viventi.

Inondato di nuove ricchezze chimiche, l'ecosistema acquatico non poteva rimanere uguale: ogni volta che cambiano le regole ecologiche, si sviluppano nuovi inquilini, soprattutto piante acquatiche e batteri. Non necessariamente costoro sono amici della nostra specie. Tutto questo accadeva tra il 1800 e il 1830. Nel 1832 i londinesi cominceranno a contorcersi e morire: è il colera. Fu un'epidemia rapida e non troppo incisiva se paragonata, negli stessi anni, al peso della tubercolosi. Morirono circa 800 persone. Si poteva fare di meglio però, ed è stato fatto. Grazie a un personaggio dall'aspetto bizzarro con pancia pronunciata e una lunga chioma unta, come un cattivo di un *feuilleton*. Il suo nome è Edwin Chadwick. Professione: controverso riformatore dell'Inghilterra vittoriana. Si allega breve curriculum.

Chadwick era segretario della commissione reale che aveva partorito la *Poor Law*, una famigerata legge cresciuta sul pensiero dell'economista Thomas Malthus, una teoria che, citata nella sua essenzialità, collegava la crescita demografica e la carenza di cibo, due fattori il cui mix aveva un necessario epilogo: la conflittualità sociale. Lo spettro di Malthus e le sue visioni di folle di miserabili in rivolta erano penetrati nelle case della *upper class* inglese. A metà Ottocento una moltitudine di preoccupati uomini in panciotto e tuba guardavano fuori dalla finestra e vedevano una massa cenciosa in pericolosa prolificazione. Bisognava azzerarne la crescita. La *Poor law* aveva tolto quindi ogni forma di sussidio per i poveri, tranne per i più derelitti, che però erano costretti a vivere nelle *workhouses*, semi-carceri dove si barattava assistenza con l'impegno a non copulare. Questo era il background di Chadwick, quando tra i sassi dei tumulti – provocati da una legge nata per prevenirli – spostò il suo campo di interessi verso la salute. E qui, per una sua maledizione personale, si ripeté il medesimo modello: per prevenire le malattie, Chadwick sganciò una bomba batteriologica sulla popolazione londinese.

Lo strumento di cambiamento fu un report pubblicato nel 1842 (*The Sanitary Condition of The Laburing Population* – Condizioni sanitarie della popolazione lavoratrice), in cui Chadwick denunciava la situazione di degrado e chiedeva a gran voce servizi sanitari per le popolazioni più povere: più WC per tutti. Secondo alcuni Chadwick fu un paladino della salute. Altri, invece, lo accusano di aver avuto solo paura che le epidemie eliminassero forza-lavoro o che, peggio ancora, la morte dei capi famiglia aumentasse il numero dei pezzenti (e con loro le spese pubbliche). In ogni caso il report ebbe un effetto straordinario. Chadwick divenne Commissario della sanità e la città, come un polipo, cominciò a estendere una miriade di tubi verso i canali di scolo aggettanti sul Tamigi.

Le prime conseguenze non tardarono a farsi sentire. Nel 1848, nel 1853 e nel 1854 il colera tornò a infiltrarsi nelle città. Morirono altre 20.000 persone.

La scienza non aveva strumenti conosciuti per arginare la malattia. Solo qualche decina di anni dopo si capì che la responsabilità delle malattie era dei batteri e di altre creature microscopiche. La teoria imperante, della quale era convinto anche Chadwick, puntava invece il dito contro l'aria. Erano i miasmi a uccidere. Un uomo però aveva un'opinione diversa. Era un giovane medico dagli immancabili favoriti di stampo vittoriano e con un nome da avventuriero: John Snow, divenuto famoso per aver per primo utilizzato l'anestesia durante gli interventi chirurgici. Il dottor Snow notò come i morti del '48 fossero concentrati al di sotto del livello del fiume, lungo le banchine, il luogo da dove veniva attinta l'acqua da bere. Che il killer fosse proprio nel Tamigi? In effetti sulle rive, tra il ponte di Waterloo e quello di Westminster, si stava accumulando del preoccupante sedimento nero. Snow non venne preso molto sul serio. Fu durante l'epidemia degli anni '50 che il medico compirà l'azione che lo consacrerà nella storia dell'epidemiologia: confrontare i dati dei decessi con quelli delle abitudini dei deceduti. Con questo controllo incrociato, Snow riuscì a capire che il colera si era propagato da un punto preciso. Anzi, tramite una mappa in cui aveva segnato i dati riuscì letteralmente a *vedere* l'epicentro della morte (georeferenziazione la chiameremmo ora). Era una pompa su Broad Street. Detto, fatto. La maniglia della fontanella, che prendeva acqua da un canale inquinato, fu rimossa. Chadwick, che fino ad allora non aveva dato particolare peso al dottore, abbassò le orecchie, la pompa entrò nel mito (ora è esposta nel John Snow Pub di Broad Street a Soho) e la scienza dell'epidemiologia ebbe ufficialmente un padre[2]. Nel resto del mondo le città hanno seguito il modello sperimentato a Londra. Con qualche lentezza – un esempio per tutti, l'Istitute de France, che nel 1835 non volle avere un WC connesso con le fognature per non perdere i preziosi escrementi umani da usare come concime – vennero chiusi i pozzi neri. E cambiò il compito anche delle canalette cittadine. Da sistema per drenare la pioggia divennero necessariamente un reticolo per allontanare e diluire i reflui cittadini. "Tout à l'egout" (tutto alla fogna) era il motto di quei tempi. L'Italia era un po' indietro rispetto a questa modernità liquida. Anche con le parole. Sul dizionario di italiano di Niccolò Tommaseo, compilato nel 1865, alla voce fogne si legge

Condotto sotterraneo per raccogliere e smaltire gli scoli delle terre e in generale qualunque umidore soverchio e nocivo alle piante coltivate

In Italia, a fine ottocento, non si faceva ancora nessuna allusione a WC e rifiuti umani, le fogne erano un elemento per il drenaggio. Solo dopo una manciata di anni anche da noi la stessa parola avrebbe avuto un altro significato, legato a sciacquoni, fetori e putrescenza. La natura del contenuto dei canali era inesorabilmente cambiato. E, seguendo i progressi della microbiologia, dalla metà del secolo in poi l'acqua fu condannata a scorrere nel ventre degli agglomerati urbani, sempre più lontana e nera.

Il problema, ovviamente, era stato solamente *spostato*. L'accoppiata tra i WC e le fognature, moltiplicata dallo sviluppo urbano ottocentesco, aveva definitivamente intrecciato i cicli del-

---

[2] La vendetta è un piatto da consumarsi freddo. Alla fine Chadwick è riuscito a rivalersi su Snow anche dalla glacialità della sua tomba: nel 2007 più di diecimila lettori del *British Medical Journal* votarono la politica idraulica di Chadwick, che portò allo sviluppo fognario, come la più importante innovazione in ambito della sanità, relegando l'anestesia (il campo di Snow) solo al terzo posto. Arrivarono subito lettere indignate. A mio parere Chadwick possiede un indubbio merito, un po' lugubre e non scientifico: le sue politiche malthusiane hanno ispirato i capolavori di Charles Dickens.

l'acqua, del carbonio, dell'azoto e del fosforo. L'effetto più visibile fu il cambiamento dei fiumi. Ma anche la campagna stava mutando. Impoverita del concime umano si rivolse temporaneamente al guano prodotto dai cormorani americani (un tesoro naturale che riuscì persino a scatenare una guerra tra Perù e Spagna) e successivamente, grazie ai progressi della scienza, a dei surrogati sintetici, i fertilizzanti, uno stuolo di sostanze chimiche che gradualmente diventeranno i principali attori nello spettacolo dell'inquinamento dell'acqua. Nel frattempo, cresceva la comprensione che qualcosa non funzionasse[3]. E con essa, aumentava la paura. Più le fognature pubbliche riversavano liquami in acqua, più lo Stato cercava di punire qualsiasi altro scarico. La prima legge di tutela delle acque (il *Rivers prevention of polluction act*) fu adottata nel Regno Unito nel 1876. Altri paesi si svegliarono con più calma. L'Italia, per esempio, si regalò la prima legge del genere esattamente un secolo dopo, alla vigilia del Natale del 1976, quando i fiumi e i laghi erano oramai diventati discariche a cielo aperto. Alla fine del XX secolo però non esistevano solo strumenti legislativi e sanzionatori per cercare di salvare l'acqua. La scienza aveva inventato da tempo un tappo da attaccare alle fogne per arginare il carico inquinante: un grande rene tecnologico da piazzare a quel super-organismo che è la Città. Questo luogo è il depuratore. E non potrebbe esistere senza l'inedita e artificiale simbiosi tra l'uomo e centinaia di miliardi di altre forme di vita.

La prima volta che ebbi la consapevolezza che c'era qualcuno attaccato al tubo del mio WC facevo l'Università e assistevo alle lezioni di Ecologia applicata. Gli studenti maschi accorrevano numerosi al corso anche perché, per una volta tanto, a farci lezione non c'era una tartaruga centenaria in gilet che allungava tremante i fogli di acetato sulla lavagna luminosa, ma una splendida ragazza in camice bianco. Tutti noi covavamo segreti sogni di amori proibiti e consumati nei laboratori spazzando via con rabbia i microscopi dai banconi, ma purtroppo la realtà pare sempre

---

[3] Non si trattava del battito di cuori ambientalisti. Piuttosto funzionavano i nasi: nel 1858 il Parlamento londinese dovette sospendere le sedute per eccesso di fetore. Un episodio passato alle cronache come *The Great Stink* (la Grande Puzza).

fare a pugni con le idee. Questa tragica legge mi si palesò quando, durante una lezione sulla depurazione, notai con un certo battito del cuore che alla professoressa, sempre piuttosto algida, luccicavano gli occhi di emozione. Purtroppo non si trattava di me (o di qualsiasi altro studente): osservando in uno di quei microscopi una goccia di acqua proveniente dal depuratore di Treviso, la professoressa aveva trovato un rotifero.

I rotiferi sono una specie di minuscoli esseri trasparenti che vivono per la gran parte della loro vita in acqua dolce. Sono composti da un pugno di cellule (al massimo un centinaio) e devono il loro nome alla forma della bocca: una ruota cosparsa di ciglia che un primitivo cervello costringe a contrarsi in continuazione per afferrare e sminuzzare cibo. Afferrano, sminuzzano e inghiottono, afferrano, sminuzzano e inghiottono. E così via, per tutta la loro vita. Il rotifero è un organismo programmato per mangiare. E lo fa alla grande.

Cosa c'era di così emozionante da obbligarci a turno a ficcare lo sguardo in un binoculare per osservare qualche goccia estratta da un depuratore e quella bestia senza fantasia, praticamente una versione microscopica di un sacchetto del congelatore abbandonato in acqua? Immagino fosse la stessa sensazione che ci spinge a essere più affascinati da un falco piuttosto che da un piccione. Da uno squalo rispetto a un pesce rosso. La rarità. I rotiferi sono pochi. Il motivo è che se ne stanno ai vertici del loro ecosistema e, come accade nelle piramidi alimentari, in cima c'è sempre meno spazio. È una legge imprescindibile: ci saranno sempre più fili d'erba che gazzelle, più erbivori che leoni. La professoressa, come intuii, si sentiva una guida che ci stava conducendo in un safari di un'Africa tutta sua, un luogo in cui i rotiferi fanno la parte dei predatori e dove, insieme ai sinuosi nematodi (minuscoli vermi cilindrici), queste bestie vanno a caccia giorno e notte in uno sconfinato mondo unicellulare, tra alghe (la vegetazione dell'ecosistema), protozoi e batteri. A essere sinceri, agli esseri umani interessano soprattutto i batteri, organismi che addensandosi in delicati fiocchi mucosi, formano superbe geometrie nel tentativo di accaparrarsi il cibo (sì, si tratta di quella sostanza organica che diamo loro in pasto tirando la catenella dell'acqua). Tutto questo pullulante mondo vive in un depuratore, sotto il controllo quotidiano di scienziati che danno ossigeno e regolano vari parametri per mantenere l'equilibrio nel microcosmo, chiamato tecnicamente *fango attivo*.

Il fango è un ecosistema controllato che cerca di riprodurre le dinamiche che accadono in natura, dove i batteri aggrediscono e abbattono continuamente le sostanze organiche, consumando grandi quantità di ossigeno disciolto nell'acqua. Sono gli stessi complicati processi che avvengono anche nei laghi, negli stagni, nei fiumi. Di fatto, il depuratore è un fiume di scorta, arrotolato su sé stesso, che si fa carico dell'inquinamento umano, alleggerendo così il lavoro dei microrganismi ambientali e lasciando un po' di ossigeno in acqua per sostenere la vita di pesci e altri organismi. Per comprendere in che ambiente viviamo bisogna quindi capire come vivono le bestioline del depuratore. Vedere questi zoo acquatici è facile: basta andare verso i margini della città. È lì che se ne stanno acquattati i depuratori. Brutto indizio, però: se le città quando hanno cominciato a dotarsi di questi marchingegni hanno deciso di piazzarli sui confini perché scaricassero *su qualcun altro*, qualcosa forse non funzionava. Infatti.

Lo so, è più affascinante viaggiare su antiche vie esotiche, visitare New York o immergersi negli sconfinati orizzonti dell'Africa. Ma per iniziare a comprendere qualcosa di più sullo stato delle nostre acque bisogna inoltrarsi in un depuratore. In Italia ne esistono quasi sedicimila (15.623, secondo i dati Istat del 2005). Sono di tutte le dimensioni. La loro grandezza si basa su una stima che impegna ingegneri specializzati e che considera gli abitanti allacciati alle fogne, ma anche la totalità del territorio con i suoi uffici, alberghi e industrie (che in Italia pesano per quasi la metà dei reflui fognari), ragion per cui i tecnici non amano considerare le persone fisiche allacciate a un depuratore, ma i cosiddetti "abitanti equivalenti" (per esempio un addetto dell'industria della carta vale 60 abitanti equivalenti). Persone reali o fantasmi equivalenti che siano, i depuratori devono affrontare i loro reflui. Come in un enorme videogame, il mostro viene affrontato con tre livelli di difficoltà.

Vediamo come. Per cercare di capirne qualcosa in più sono entrato in uno dei depuratori più grandi d'Italia, quello di Bologna. Non è stato difficile: è l'impianto che digerisce quotidianamente i miei rifiuti ed è abitato da un mucchio di ingegneri amabili e gentili (e che hanno tutta l'aria di essere felici pur andando a lavorare ogni giorno nel luogo dove alcune centinaia di migliaia di abitanti equivalenti scaricano materiali innominabili).

L'impianto in questione (nome in codice IDAR) è un'enorme bestia metallica fatta di vasche, pompe di ossigeno e tubi di acciaio, adagiata a pochi metri dal confine a sud della città. La sua bocca – la prima delle sue bocche visibili – è composta da due griglie con differenti grane che fermano gli oggetti più grandi, destinati alla discarica ("E qui arriva di tutto, anche valigie intere", mi disse un tecnico in tuta gialla che mi guidava per l'impianto. "Anche i preservativi", aggiunse con una pausa che avrebbe fatto sentire in colpa persino Padre Pio). Dopo le grate, l'acqua passa in sei enormi lunghe vasche coperte, dove la sabbia si deposita sul fondo e i grassi, più leggeri, si dirigono verso il pelo dell'acqua (anche questi materiali vengono buttati in discarica). E qui finisce il primo capitolo, il cosiddetto *trattamento primario*. Nel livello successivo l'acqua viene dirottata a destra, verso due grandi bacini circolari di 27.000 metri quadri l'uno, dove un braccio rotante convoglia le parti solide verso un cilindro di calcestruzzo. È il *trattamento secondario*, vale a dire la grande abbuffata di batteri, rotiferi e di tutta la compagine che tanto eccitava la mia professoressa e che si nutre di sostanza organica biodegradabile. Per la loro attività biologica queste creature devono consumare enormi quantità di ossigeno, che con una certa energia, viene loro fornito artificialmente attraverso dei tubi collegati a tre silos gialli che catturano il gas dall'atmosfera e lo convogliano, puro al 90 per cento, dentro le vasche dove vivacchiano i microrganismi. Dopo una sedimentazione, l'acqua viene finalmente separata dai suoi abitanti. Il fango (microrganismi e sostanza organica) esce di scena, per entrare in un lungo e traumatico viaggio verso enormi capsule prive di ossigeno, da dove uscirà del biogas (che si trasforma in energia, garantendo una parte dell'elettricità necessaria per il funzionamento del depuratore). Ripulita dal fango, rimane l'acqua che subito sguscia via, prendendo un tubo diverso. Una parte viene usata per raffreddare l'inceneritore finale dei fanghi (il sistema per eliminare i microrganismi, trasformati in cenere e fumo, senza alcun ringraziamento per il lavoro svolto). Il resto incontra l'ultimo livello, il *trattamento terziario*. Qui la tecnologia spinge al massimo la depurazione, aggredendo soprattutto i nutrienti: il fosforo, eliminato con una reazione chimica, e l'azoto, metabolizzato da batteri specializzati che lo trasformano in gas libero di volare nell'atmosfera. Quindi l'acqua viene disinfettata con acido peracetico e, linda e pura secondo i canoni di legge, è pronta per gettarsi nel fiume. Sostanza organica, azoto e fosforo sono disinnescati. E l'ambiente è in salvo.

Ecco, teoricamente è in salvo. In realtà, quando sono andato a visitarlo, al depuratore in questione mancava quasi totalmente il terzo livello; gli apparecchi per il fosforo e per l'azoto erano in costruzione, circondati dai nastri arancioni del cantiere, e uno scarico gettava nel fiume acqua resa legale solo da una deroga. Come mi spiegarono i tecnici, non si era potuto fare altrimenti e l'alternativa era persino peggiore. Bisognava spegnere tutto in attesa dell'adeguamento, eliminando l'unico filtro depurativo della città.

Il cantiere poneva perlomeno una speranza per il futuro. E una ridda di domande più generali: quanto sono efficaci queste membrane tecnologiche che separano le città dall'ambiente? Riescono a ripulire i reflui di tutti gli italiani? Già, ma quanti siamo? La risposta è tutta nelle stime ufficiali del nostro Istituto di statistica. Siamo un'enormità. Secondo gli ultimi rapporti, sommando i circa 60 milioni di persone reali al peso inquinante delle industrie, l'Italia risulta popolata da quasi 175 milioni di abitanti equivalenti. Di questi esseri virtuali solo 70 milioni sono stati serviti da un depuratore. Questo vuol dire una cosa: almeno il 60 per cento circa delle fonti di inquinamento non riesce a essere intercettata. E, anche quando ciò avviene, non sempre gli impianti hanno in campo tutti e tre i livelli di trattamento.

C'è poi un altro aspetto ancora più inquietante, che mi viene rivelato dalla mappa delle fogne cittadine dispiegata su un tavolo nel centro operativo dell'IDAR. Sul foglio era stampata una rete capillare sotterranea che, come mi è stato spiegato con pazienza, è perfettamente sotto controllo. Non ci sono segreti sotto le nostre strade, si conosce a fondo ogni tubo impermeabile: materiale, diametro, anno di posa, capacità, posizione dei pozzetti di ispezione, quote altimetriche e stato delle pompe che convogliano i reflui verso il depuratore. Solo un aspetto rimane sconosciuto. Quanta acqua c'è. Quella, dipende dalla pioggia che entra nelle fognature grazie alla moltitudine di tombini. Chiaramente, è una quantità impossibile da conoscere a priori. E qui sta il problema: saperne la quantità è fondamentale. Perché quando c'è troppa acqua, il depuratore soffre. La colpa è dei suoi microscopici abitanti che hanno bisogno di reflui compatti. Ai batteri non piacciono pappette diluite. Che accade allora, quando diluvia? L'inevitabile: per non rallentare pericolosamente la loro attività, i depuratori non accettano l'acqua. Per non sovraccaricare il sistema con la pioggia, i reflui semplicemente tracimano attraverso migliaia di speciali by-pass sparsi lungo i fiumi (chiamati *scolmatori di piena*). Pensateci la prossima volta che vedete un acquazzone che lava la città dallo smog più nero: da qualche parte quell'acqua probabilmente sta uscendo dai tubi arricchita dai normali reflui fognari *senza essere depurata*[4]. È difficile dire quanto questo incida sull'inquinamento globale. In Emilia Romagna si stima che il 10 per cento del carico inquinante dei fiumi derivi da queste bocche di emergenza. È una cospicua parte del problema, insomma, e deriva da piogge aleatorie.

Come è potuto accadere? A ben vedere, questo tratto del ciclo idrico soffre per una colpa antica. È ancora per il peccato originale di Chadwick e dei suoi omologhi nelle altre città dell'epoca: l'aver trasformato i canali per la pioggia in un sistema per allontanare e diluire i rifiuti. L'ibrido tra le due idee ha prodotto un sistema che accetta di tutto – la pioggia che scorre a fiumi, i reflui industriali e quelli domestici – ma che poi convoglia questi fluidi verso depuratori il cui cuore biologico troppo delicato non può permettersi di accettare tutte queste emozioni chimiche.

Il risultato è che per salvare il depuratore si uccide il fiume. E non esistono soluzioni facili al problema. È difficile intercettare l'inquinamento quando esce da un tubo e diventa *diffuso*. Per bloccarlo servirebbe anche una *natura diffusa,* come lunghe distese di canneti o paludi in grado di depurare naturalmente l'acqua. Purtroppo, ve ne sarete accorti, lo sviluppo ha fatto fuori questo tipo di ambienti.

C'è chi si rivolge ai manufatti dell'uomo. Le ultime novità del mercato ingegneristico prevedono la costruzione di vasche di

---

4 Dal 1996 gli scolmatori sono progettati per riuscire perlomeno a diluire almeno tre volte la portata media teorica delle acqua nere. La maggior parte delle fogne è ovviamente più antica e non si sogna nemmeno questo banale obiettivo.

16

decantazione delle prime piogge, quelle più inquinate. Sono dei piccoli invasi dove far riposare l'acqua sporca e non sovraccaricare troppo il sistema. È un aiuto, anche se, bisogna dirlo, i liquami prodotti hanno spesso una diluizione ancora troppo eccessiva per i gusti dei depuratori. La soluzione teoricamente più semplice – e realmente più onerosa – è però un'altra. Si tratta di sciogliere una volta per tutte il processo innescato dal WC, il complicato gomitolo che da due secoli, come abbiamo visto, aggroviglia acqua, sostanza organica, azoto e fosforo. La speranza, inglobata anche nella legge italiana, è che le fognature del futuro si aprano come immensi nodi di Gordio, per permettere una netta separazione dei tubi. Le mappe fognarie dovranno diventare bicolori. Da una parte dovrà esserci la rete bianca (per le piogge), dall'altra, collegata a un depuratore, quella nera dei reflui. E i sognatori pensano anche ad altri colori. Nei progetti più spinti (nessuno in Italia) si sta pensando alla creazione di reti gialle, ovvero sistemi speciali che prelevino unicamente le urine, uno straordinario tesoro di azoto[5]. I tubi gialli e quelli neri potrebbero così ripristinare i cicli scardinati due secoli fa, dirigendo i loro getti acquatici e nutrienti verso i campi coltivati. Un sogno di cui si discute molto, ma che ora, come vedremo, fatica a diventare reale per via di una bizzarra delicatezza che ha afferrato il cuore di chi scrive le norme nel nostro Paese. Nel frattempo l'acqua nutriente dei depuratori sta unendosi in forze al grande inquinamento diffuso dai campi agricoli, contribuendo a far mutare l'acqua. E, visto che si tratta del principale fluido che connette i pezzi di ogni ecosistema, questo sta provocando qualche reazione anche in molti organismi viventi. Tra di essi c'è anche quel gruppo di forme di vita a cui apparteniamo, una comunità di animali che ogni giorno cerca di fare il gesto più scontato e naturale del mondo: bere.

Un atto che da un po' di tempo sta diventando sempre più complicato.

---

[5] Secondo Jac Wilsenach, un ingegnere olandese di stanza in Sudafrica, considerato tra i maggiori esperti del settore, l'eliminazione di solo metà delle urine da una fognatura, consentirebbe a un depuratore senza trattamento terziario di abbattere tutto l'azoto e il fosforo in arrivo. Questo farebbe rientrare nella normalità la maggior parte dei depuratori italiani, privi dell'ultimo livello di depurazione.

Water trips

Consigli per una gita lungo le fogne

A meno che non abbiate affiliazioni con la mala, è difficile che riusciate a visitare le vostre fogne. Tutte le informazioni le hanno però le aziende pubbliche o private che materialmente gestiscono le tubature (sono coloro che vi mandano a casa le bollette dell'acqua). È alle porte di costoro che bisogna bussare per vedere i depuratori. Per capire se funzionano veramente però, non c'è numero o statistica che tenga. Chi dovrebbe sapere tutto è nascosto in qualche ufficio della Provincia. È in questi enti amministrativi che si autorizza lo scarico finale del depuratore, stampando dei via libera che durano in genere quattro anni. Ovviamente, quando si autorizza uno scarico, bisognerebbe capire cos'altro cade a valle, per evitare che l'ecosistema del fiume scoppi. Questo è generalmente piuttosto difficile da capire, soprattutto da un punto di vista di uno specchietto di territorio come la provincia. Se a questo si aggiunge il fatto che prima sono stati piazzati i depuratori e dopo la legge ha imposto di dare un'occhiata ai fiumi per vedere se sono in grado di assimilare i rifiuti (uno sguardo che molte zone d'Italia stanno dando in ritardo) vi aiuterà a cogliere il senso del comprensibile nervosismo che aleggia in molti uffici quando si fanno domande troppo specifiche sullo stato dei corsi d'acqua.

Parigi (Francia): la fuga dei Miserabili

Un raid nelle fogne di Parigi è un'avventura urbana mozzafiato che permette di entrare all'interno dell'apparato escretore cittadino, immergendosi in uno dei più antichi e sviluppati sistemi fognari urbani, quello in cui Victor Hugo fece scappare i suoi miserabili eroi durante i moti del 1832 (proprio mentre nell'acqua stava prolificando il virus del colera). Andate alla *rive gauche*, vicino al Pont de L'Alma, a 500 metri dalla Tour Eiffel, qui per pochi euro potrete affondare nel lato oscuro della Ville Lumiere.

Roma: la celebrazione del make-up cittadino

Non solo il mare. Non solo la totalità dei fiumi. Gli antichi romani avevano deificato anche il putridume acquatico. L'altare di Cloacina, la dea della cloaca, sorgeva sulla via sacra del Foro. La statua della dea stava insieme a quella della divina collega specializzata in bellezza, Venere, accoppiate sapientemente come uno yin e uno yang dell'età classica. Il basamento dell'altare – chiamato "sacello di Venere Cloacina" – è ancora visibile al fianco della Basilica Emilia (scendere alla fermata Colosseo).

Bologna, torrente Aposa: speleologia delle acque

Come molte città, Bologna ha nel corso del tempo allontanato dagli occhi e dal naso i suoi canali d'acqua, rinchiudendoli nel sottosuolo e allacciandoli al sistema fognario. L'associazione Vitruvio da anni propone una riscoperta degli antichi intestini fluidi nascosti nel ventre cittadino, andando a spasso lungo l'antico torrente Aposa, tra ponti romani interrati e fognature. Un tempo si accedeva ai gironi acquatici da una porticina in via dell'Inferno numero 10. Ora il percorso, più edulcorato, va da Piazza San Martino a Piazza Minghetti.

Lambro, Lombardia: il fiume perduto

Questo piccolo corso d'acqua, chiamato dagli antichi romani il "fiume dalle acque limpide", ha fama di avere l'acqua più inquinata della penisola. Percorrerlo dalla Brianza fino al Po è un'esperienza in grado di far capire con lo sguardo cosa significhi la parola "degrado". Il punto più emblematico è a Sant'Angelo Lodigiano (LO), dove il Lambro incontra il Lambro meridionale, un canale che riassume nelle sue acque pesticidi, fertilizzanti e, soprattutto, gli scarichi fognari della più popolosa e produttiva città del paese, Milano, una comunità che fino a qualche anno fa ignorava cosa fosse la depurazione. Alla confluenza dei due corsi d'acqua è possibile vedere, come estremo schiaffo iconico, un enorme tubo di scarico di cemento.

Mestre (VE), tangenziale: come corre l'industria

Viaggio di fantasia, da farsi guardando la tangenziale di Mestre durante un acquazzone e nel momento di maggior intasamento (in genere attorno alle 18:00). Gli scienziati del Magistrato alle Acque di Venezia, un antico ente che dal 1500 si occupa dei delicati equilibri della laguna, hanno scoperto che l'acqua meteorica che scorre sulla strada e finisce nei tombini è paragonabile a uno scarico industriale non trattato.

Firenze: l'Arno tira di più del Tamigi

Come Narciso, anche Firenze ha deciso di specchiarsi nell'acqua. Invece che in un lindo stagnetto, però, ha preferito farlo nelle sue fogne. L'immagine che ne è emersa, nitida e torbida allo stesso tempo, non era certo un ceffo di cui innamorarsi. Nell'acqua era disciolto un enorme quantitativo di cocaina. Secondo i diagrammi della struttura di tossicologia forense dell'università cittadina, le concentrazioni (nel 2007) superavano addirittura quelle pro capite trovate qualche anno prima nelle fogne di una megalopoli come Londra. Questo, e altro, è apprezzabile nel depuratore di San Colombano a Lastra a Signa, oppure potete solo immaginarlo guardando le acque dell'Arno, un fiume stupefacente.

Boretto (RE): pesci confusi e depuratori sconfitti

Inutile sforzarsi. Non ve ne accorgerete. Ma nell'acqua del Po che bagna questo piccolo paese Luigi Viganò, uno scienziato dell'Istituto di ricerca sulle acque del CNR, ha scoperto che a molti pesci di varie specie la vita sta diventando più incerta e confusa. Hanno tutti, contemporaneamente, due sessi. E questa è probabilmente solo la punta di un iceberg più drammatico che sta cambiando la biologia del fiume. La causa sta nei farmaci e in altri ormoni che finiscono nei WC. Sostanze delle quali i depuratori, progettati per eliminare materiali grossolani, composti organici e nutrienti, non riescono nemmeno ad accorgersi.

Il richiamo della purezza

La verità è raramente pura.
E mai semplice.

Oscar Wilde

Quando vedeva dell'acqua zampillare da un tubo di piombo, a Frontino il cuore traboccava di orgoglio futurista. Sesto Giulio Frontino era l'anziano senatore a cui l'imperatore Nerva aveva affidato la responsabilità di portare acqua a Roma. Frontino era un ex-militare pragmatico che non amava i fronzoli. Per lui, un tubo era meglio di una piramide egizia. Anzi, tutte e sette le meraviglie del mondo – come si capisce leggendo il suo *De acque ductu,* scritto alla fine del primo secolo dopo Cristo – per Frontino non erano che inutili mausolei, manufatti senza alcuna importanza pratica. Gli acquedotti erano invece il simbolo materiale di tutto ciò in cui credeva: il progresso fondato sul miglioramento delle condizioni umane.

Non era il solo a gioire delle ultime frontiere della tecnologia. Anche Plinio il Vecchio, qualche anno prima di morire arso vivo per voler vedere con i propri occhi l'eruzione di Pompei (un protomartire della scienza sperimentale, lo definì Italo Calvino), strabiliava davanti agli archi e ai canali artificiali che portavano acqua tra le strade cittadine. Nella sua *Storia naturale* scrive che "se si considera attentamente l'abbondanza delle acque che l'acquedotto fornisce alla comunità – bagni, piscine, canali, case, giardini, ville di periferia – e le distanze percorse dal flusso di acqua, nonché gli archi che si sono costruiti, le gallerie che si sono aperte, gli avvallamenti che si sono superati, si riconoscerà che nulla può essere esistito di più grandioso in tutto il mondo".

Gli acquedotti erano il *non plus ultra.* Consentivano qualcosa di straordinario: teletrasportavano direttamente all'interno delle città l'acqua più pura. Roma riusciva a distendere ben undici acquedotti verso i monti, Napoli poteva bere le sorgenti del Serino, nei pressi di Avellino, e persino i marinai del porto della paludosa Ravenna avevano la possibilità di dissetarsi quando lo volevano con l'acqua pura del torrente Bidente sugli Appennini. Nonostante siano passati duemila anni, questa idea romana di progresso fatica ancora a consolidarsi. È una delle emergenze che agitano i Summit internazionali: molti esseri umani nel mondo – soprattutto donne e bambini – per arrivare a una fonte di acqua potabile devono ancora percorrere svariati chilometri, un lungo e penoso cammino compiuto con pesanti gerle colme di acqua sulla testa, uno sforzo che ha spesso come conseguenza l'insorgere di terribili malattie croniche. L'Organizzazione Mondiale della Sanità (OMS) ha stimato il numero di coloro che sono a rischio: nel mondo ci sono 450 milioni di persone che hanno problemi di approvvigionamento di acqua. Nello stilare i loro documenti però, i funzionari che lavorano nei palazzi svizzeri dell'OMS non hanno considerato la fetta più strana della popolazione mondiale. È una tribù ominide che percorre chilometri per prendere l'acqua e che in questo viaggio danneggia la propria salute e, come se non bastasse, anche quella dell'ambiente in cui vive. La stranezza è che nessuno di loro è obbligato a muoversi per cercare l'acqua da bere. Anzi. A tutti arriva direttamente in casa senza alcuno sforzo. Tra i campioni mondiali di questo tipo di autolesionismo ci sono proprio coloro che vivono nel territorio che fu dei Romani: sono gli italiani.

Sgusciano fuori dai supermercati, ma è piuttosto facile individuarli. I portatori di acqua possiedono una caratteristica posizione inclinata e una espressione tesa e concentrata fino al raggiungimento del loro mezzo di trasporto, l'automobile. Sono degli squilibrati. È un fatto di gravità: in una mano tengono il sacchetto della spesa (3-4 Kg), nell'altra generalmente una tipica gerla occidentale, un parallelepipedo diviso in sei scomparti di plastica PET (le bottiglie) con un peso di circa 9 Kg[1]. Questi funamboli del supermercato sono una schiera sempre più grande. L'acqua in bottiglia

---

[1] Secondo Mineracqua, l'associazione dei produttori di minerale, nel 2006 otto bottiglie di acqua su dieci erano di plastica. Si tratta di materiale riciclabile. Purtroppo nel 2006 siamo riusciti a ritrasformare solamente il 35 per cento delle bottigliette (dati di Altreconomia).

sta avendo un successo planetario: dal 1997 al 2004 il mondo ne ha aumentato i consumi del 91,4 per cento. Un terzo di quest'acqua, secondo l'opinione della *Beverage Marketing Corporation* – un grande gruppo privato che segue attentamente i flussi liquidi e monetari per l'industria delle bevande – finisce in Europa. E qui si infila, come in un colossale gorgo, soprattutto in Italia.

Il nostro paese svetta con il primato europeo dei consumi (196 litri a testa nel 2007). Per raggiungere questo record dal 1980 al 2007 i consumi nel nostro paese sono cresciuti del 317 per cento. E siamo tra i leader anche nel mondo: veniamo solo dopo gli Emirati Arabi (260 litri) e il Messico (205 litri), due paesi semi-desertici.

Che cosa spinga le persone ad accollarsi la fatica di trasportare tutta quest'acqua sigillata, pur non vivendo tra deserti e cactus, è un piccolo mistero. Ma deve essere qualcosa di significativo, se chi beve acqua in bottiglia è disposto a spendere un prezzo da 300 a 1000 volte maggiore rispetto all'acqua di rubinetto, condannando nel contempo l'intera comunità a dover smaltire centinaia di migliaia di tonnellate di plastica. Oltre al fatto di costringerla a respirare le particelle di smog fuoriuscite dall'esercito di camion che ogni giorno macinano migliaia di chilometri per trasportare le bottiglie (la maggior parte di esse: l'82 per cento) su e giù per lo Stivale.

In molti si stanno chiedendo il perché di questa enormità. Se lo sono domandato anche i produttori stessi di acqua minerale che in una recente ricerca condotta su alcune signore italiane, hanno stabilito che la scelta avviene perché nelle bottiglie è racchiuso il genio di un gusto superiore e di una maggiore salute. Altri invece propendono per trovare la causa nel fatto che spesso, per i più svariati motivi, gli acquedotti ammutoliscano e non eroghino più acqua (anche se sono veramente poche le città in cui il problema è cronico). Legambiente ha un'altra opinione: è colpa della pubblicità che da qualche tempo inonda di acqua minerale televisione, riviste e internet. L'opinione dell'associazione convince anche la maggior parte del mondo ambientalista, i cui uffici di comunicazione non mancano di pubblicizzare ogni multa che viene attribuita alle aziende imbottigliatrici per aver fornito negli spot messaggi ingannevoli. Ed è confortata da uno studio, presentato su *Ecosistema urbano 2008*, che cerca un rapporto, senza trovarlo, tra la sfiducia negli acquedotti espressa dai cittadini con la qualità del servizio e con la presenza nell'acqua dei nitrati nel rubinetto, una delle più comuni forme chimiche dell'azoto, spesso usata per stabilire il grado di inquinamento dell'acqua (i nitrati nel sangue infatti possono impedire all'emoglobina di trasportare l'ossigeno).

Questione di gusto, di salute o di pubblicità? Incuriosito, mi sono piazzato davanti a un moderno spaccio idrico, un enorme centro commerciale che stava sfornando decine di portatori di bottiglie. Sono riuscito a campionarne parecchi (anche perché non potevano scappare: provate voi ad accelerare il passo tra le auto con quasi dieci chili in una mano).

Le risposte sono state piuttosto prevedibili. In effetti il gusto è un problema sentito. Spesso l'acqua di casa era accusata di sapere di cloro (in realtà, data la volatilità della molecola, il sapore di piscina svanisce in fretta se si lascia l'acqua a decantare), ma la maggior parte dei mineralofili effettivamente beveva acqua in bottiglia per una sfiducia nella qualità di quella di rubinetto. C'è un aspetto però che fa propendere verso l'ipotesi che l'acqua sia conosciuta solo attraverso la pubblicità: nessuno sapeva dire esattamente in cosa consistessero le eccezionali proprietà minerali che pesavano nelle loro mani e, nemmeno, aveva mai avuto l'occasione di vedere qualche analisi chimica che confermasse la paura del rubinetto (né il contenuto di nitrati, né di qualsiasi altra diavoleria disciolta). Inoltre, il luogo dal quale proveniva l'acqua del proprio acquedotto rimaneva per tutti un enigma senza risposta. Un fatto piuttosto curioso, se si pensa all'attenzione ossessiva che il terzo millennio dedica all'origine del cibo. In seguito rivolsi la stessa domanda anche ai fan dell'acqua di casa. Uguale disfatta: nemmeno loro sapevano dire alcunché sull'origine di ciò che bevevano.

Ciò che all'epoca avevo trovato ancor più scandaloso è che nemmeno io – il saputello intervistatore – ne sapevo nulla. Non conoscevo quello che bevo, né sapevo dire da dove fosse estratto. Non ne avevo la benché minima idea. Ho telefonato subito all'azienda che gestisce l'acqua nella mia città, che ha cercato di confortarmi, dirottandomi sul sito che pubblica le analisi chimiche di quanto fornisce (per la cronaca, ogni litro di quanto bevo ha solo 8 mg di nitrati per litro. Sopra i 10 l'acqua diventa rischiosa per l'infanzia, secondo il *Codex alimentarius*, la bibbia delle regole sugli alimenti). Una graziosa voce femminile mi ha spiegato poi che ogni giorno ingurgito l'acqua che scorre in un fiume di montagna, un flusso fresco e puro che per la maggior parte del suo percorso passa ancora attraverso un cunicolo di 20 chilometri scavato dai Romani. Rispetto al tempo in cui gli uomini giravano in tunica però c'è una novità: l'acqua montana, prima di arrivare nelle case, viene mescolata con quella estratta da alcuni pozzi di pianura.

In effetti, se seguissimo a ritroso i tubi degli acquedotti – in Italia ne esistono 13.500 – scopriremmo che attingere dal suolo è piuttosto comune nel nostro paese. La stragrande maggioranza dei condotti per l'acqua infatti (8 prelievi su 10) utilizzano acqua di falda, cioè quell'acqua che ha avuto la sorte di infiltrarsi e accumularsi in rocce e terreni porosi, i cosiddetti acquiferi. Quasi tutti rubinetti italiani, insomma, finiscono in un tubo che va sottoterra.

L'arte nel bucare il suolo per raggiungere queste riserve idriche pregiate, un tempo si imparava a Modena. Furono gli ingegneri medioevali di questa piccola città padana, infatti, i più grandi maestri nello scavare pozzi (una competenza dolorosamente necessaria, visto che gli acquedotti romani allacciati alle montagne erano stati abbandonati da alcuni secoli per colpa dei dissesti provocati dalle invasioni barbariche) e per celebrare la loro eccellenza tecnologica la città immortalò nello stemma comunale due enormi trivelle con cui si riusciva ad arrivare fino a 30 metri di profondità. Sullo scudo crociato le trivelle ci sono ancora (sembrano due cavatappi pronti a stappare del buon vino emiliano) ma lo stemma ha oggi un suo tragico rovescio: le falde di Modena hanno le concentrazioni di nitrati tra le più alte d'Italia.

Questa eccellenza nella contaminazione è nota sin dal 1989, quando il Consiglio dei Ministri del Paese dichiarò che l'area si trovava in una condizione di elevato rischio ambientale. Non fu però l'unica emergenza di quegli anni. Accanto ai nitrati padani, infatti, in tutta Italia furono trovati metalli pesanti, ammoniaca e arsenico disciolti nell'acqua. E anche una triste banda di sostanze inventate dall'uomo: organoalogenati, atrazina, pesticidi.

Sembrava l'effetto di un'improvvisa e sotterranea catastrofe, invece la causa era terribilmente più semplice. Si trovava su una gazzetta ufficiale. Nel 1988 un nuovo decreto aveva stabilito le caratteristiche che doveva possedere l'acqua potabile e, ligie alle norme, le sorgenti avevano aperto le loro pagine liquide davanti ai tecnici delle agenzie dell'ambiente, un team di persone che si è ritrovato suo malgrado a dover sfogliare un libro dell'orrore: l'inquinamento agricolo, civile e industriale aveva definitivamente allungato le sue dita sotto terra. Il caso di Modena è esemplare. L'ultimo report ufficiale sulla città attesta che il 35 per cento dei pozzi dell'acquedotto modenese ha raggiunto il livello critico di 50 mg/litro di nitrati, una soglia sopra la quale l'acqua non è più considerata bevibile. Gli esperti affermano che nella pianura padana *tutti* gli acquiferi più superficiali sono compromessi. I moderni rabdomanti sono costretti a spingersi a profondità sempre maggiori per accedere ad altri filoni di acqua, stratificati sotto le prime falde. A Milano, per esempio, è inutilizzabile il primo acquifero, il secondo ha gravi problemi e si sta pompando acqua dal terzo. A ciò si aggiunge il fastidioso effetto dei fiumi inquinati che possono dialogare sottoterra con le falde, passando loro di nascosto molecole e contaminanti. Secondo Massimo Civita, un geologo di Torino che ha stilato le mappe di vulnerabilità degli acquiferi italiani, i maggiori impatti di questo tipo sull'acqua sotterranea si hanno nella pianura padana, sulle pianure costiere e nell'area pianeggiante che sta tra Firenze, Prato e Pistoia. Ma nemmeno la montagna è immune. Anche l'acqua che si infiltra nei terreni d'alta quota (che poi sgorga tramite le sorgenti) può essere contaminata. Il caso forse più noto riguarda le fonti dei monti Lessini del veronese, in cui i controlli hanno rivelato più volte un'imbarazzante presenza di batteri coliformi, una microscopica forma di vita che ama proliferare sulle feci.

L'aspetto più preoccupante della contaminazione della falda è che l'acqua sotterra è *lenta*. Il flusso dell'acquifero che disseta la gran parte dei lombardi, per esempio, ha una velocità stimata fra i 200 e i 350 metri *all'anno*, il che rende una lumaca da giardino quattromila volte più veloce di qualsiasi goccia di falda. Tutto il contrario di quanto accade con i fiumi. Gli scienziati del Servizio Geologico statunitense calcolano che, se un corso d'acqua rinnova la sua acqua al massimo in un mese, certi acquiferi possono arrivare a fare un *refresh* della propria acqua anche in migliaia di anni (in questo caso sono considerati riserve fossili, paragonabili ai giacimenti petroliferi). Una cosa quindi è certa: il suolo impregnato di acqua è il posto più stupido dove scaricare un inquinante e infatti è proibito per legge. Qui, mutuando uno slogan dalla pubblicità, "un contaminante è per sempre". Eppure l'acqua nel terreno continua a riempirsi di nuove molecole chimiche. Qualcuno continua a produrre sostanze inquinanti e affidarle alla pioggia che si infiltra nel suolo. Se volessimo dimenticare gli abusi, come la moltitudine di discariche illegali con cui punteggiamo il nostro paesaggio (solo nel 2007 la polizia forestale ne ha scovate quasi 1.300), troveremmo lo stesso un grande colpevole dell'inquinamento dei bicchieri. Si trova sempre sul tavolo, a poca distanza: sul piatto. La triste verità è che l'agricoltura industriale con cui produciamo la gran parte del cibo vive solo grazie all'immissione di molecole tossiche o di fertilizzanti sul suolo. Visto lo stato delle cose, servono dei filtri potenti per poter bere con tranquillità. Gli acquedotti che tanto eccitavano Frontino nel tempo hanno dovuto quindi trasformarsi da trasportatori di acqua a manipolatori del prezioso liquido. Una delle maggiori spinte per lo sviluppo tecnologico del trattamento sono stati sicuramente eventi spiacevoli come il colera ottocentesco, che hanno convinto i leader cittadini a disinfestare l'acqua dai germi. Da lì in poi le cose si sono ancor più complicate. Se andate a visitare ora un moderno *potabilizzatore* scoprirete un sofisticato centro tecnologico che costringe l'acqua a passare per griglie e setacci e dove, a seconda della qualità di partenza (la legge italiana la divide in tre gradi di qualità A1, A2 e la peggiore, l'A3), con grande dispendio di energia viene addolcita, stabilizzata, chiarificata, deferrizzata, demanganizzata, desalificata, defluorata, areata, affinata e, infine, disinfettata. La disinfezione è un passaggio ancora cruciale, perché bisogna agire in qualche modo sull'acqua per evitare che nascano germi lungo tutta la rete di distribuzione. L'arma preferita per sterminare i microbi, a causa dei bassi costi, è il cloro. Questa sostanza in varie forme può ossidare le sostanze organiche e come acido ipocloroso può penetrare facilmente attraverso le membrane cellulari dei germi, uccidendoli. Non è però l'unico effetto che produce. Nel 1974 Thomas Bellar un chimico dell'EPA, l'agenzia americana per l'ambiente, fece una scoperta clamorosa: nell'acqua erogata ai cittadini era presente del cloroformio, una molecola che a certe dosi può rivelarsi cancerogena. Bellar lo cercò nel fiume Ohio da dove proveniva l'acqua in questione. Non lo trovò. Lo cercò dentro le condutture che colle-

ha la faccia da bravo ingegnere o lo sguardo obliquo da Padrino. E per pretendere di conoscere i rigorosi giudizi che i tecnici ASL emettono sui tre milioni e mezzo di controlli annuali a cui è sottoposta l'acqua di rubinetto nel nostro Paese.

Molti italiani però, come si è visto, hanno deciso di percorrere un'altra via, più impersonale. L'idea che i tubi di casa si gettassero nell'inferno *underground* delle falde e l'incalzare del marketing delle minerali deve aver convinto una buona fetta della popolazione ad attaccarsi alla bottiglia. Il buon vecchio Frontino, in fondo, non li biasimerebbe: si tratta dello stesso desiderio che spinse i Romani a rivolgere gli occhi verso le montagne. Di fatto, il mercato dell'acqua in bottiglia funziona come un antico acquedotto, che invece di affidare un flusso continuo ai tubi trasporta *quanti* di acqua per mezzo dei camion. Un acquedotto discreto – così lo chiamerebbero i maniaci della fisica quantistica – ma pur sempre un acquedotto, che nell'immaginario collettivo, indirizzato dagli spot, è collegato alle sorgenti montane. L'antico sogno di purezza, insomma, si è incarnato nel PET.

Un'illusione però che si è incrinata il 2 luglio del 1999, quando una lettera imbucata in Lucania scosse gli uffici della Commissione Europea. Pasquale Merlino, un perito industriale di Potenza, aveva scritto a Bruxelles per via di una stranezza: si era accorto che l'acqua minerale in Italia poteva racchiudere 19 sostanze potenzialmente tossiche in concentrazioni più alte rispetto a quella di casa, senza alcun obbligo di dichiararlo nell'etichetta. Un controllo rapido alla legge e i funzionari europei scoprirono che era proprio così (condizione che fece scattare una procedura d'infrazione per l'Italia). L'occasione servì agli italiani per capire che i due tipi di acqua, anche se spesso sono estratti dagli stessi luoghi, sono per la legge due enti completamente diversi.

Si tratta di un fatto di tradizione. Tradizione termale, in questo caso. E di obiettivo. Chi si è spremuto le meningi per pensare a regolamentare le concentrazioni delle sostanze chimiche disciolte nel solvente acqueo, ha attribuito due funzioni diverse ai liquidi dei tubi e a quelli delle bottiglie. Mentre l'acquedotto doveva poter garantire un prodotto che potesse essere bevuto e usato da tutti con continuità (un lavoro che fa tutt'oggi), le minerali sono state storicamente libere di possedere particolari valori, perché il loro fine era quello di essere *favorevoli alla salute*. La differenza non stava dunque nell'essere "minerali" (le acque di rubinetto sono tutte oligominerali o mediominerali, a seconda di quanti sali hanno estratto dalle rocce nel loro percorso), ma nel contesto medico: le sostanze – e anche i batteri – che sono nelle bottiglie possono aiutare diete o esigenze particolari, motivo per cui, solo per fare un esempio, alcune minerali che troviamo al supermercato raggiungono una durezza (cioè un contenuto di calcio e magnesio) più che doppio rispetto all'acqua di rubinetto. Quella in bottiglia, insomma, dovrebbe essere un'acqua specializzata, non democratica, e inadatta a tutti i consumi. E quando la beviamo – in un bar, a casa, alla stazione dei treni – potremmo immaginarci come nobili dispeptici di fine Ottocento intenti a sorseggiare preziosi elisir terapeutici in romantici stabilimenti termali. Che poi è quello che desiderano indurci a sognare le aziende che la imbottigliano.

Purtroppo, in realtà, non possiamo abbandonarci ad alcuna fantasia *vintage*. Nel 1999 la legge ha mutato ulteriormente la natura delle acque minerali naturali concedendo loro di essere *"eventualmente* favorevoli alla salute", rendendo facoltativi anche gli studi per dimostrare il loro effetto sulla fisiologia umana. Una successiva strigliatina legale ha riavvicinato poi dal punto di vista chimico la minerale alla cugina potabile[2].

La realtà è che nei rubinetti e nelle bottigliette – tranne qualche minerale d'eccezione per cui probabilmente bisognerebbe consultare un medico – albergano liquidi simili. Dietro invece esistono due mondi diversi, aziende distinte che si fronteggiano per contendersi le stesse bocche: le une sono legittimate dalle autorità pubbliche per assolvere un servizio essenziale, le altre da concessioni regionali che permettono loro di sfruttare quasi 200 fonti naturali tra montagne e pozzi di pianura; le une sono radicate sul territorio con un'intricata rete di tubi e condotte, le altre veicolano *quanti* di acqua in tutta Italia (e pure all'estero) con un pesante impatto ambientale.

---

[2] Ancora oggi esistono due norme distinte che definiscono la chimica dell'acqua: il D.lgs 31/2001 per quella di casa e il DM del 29 dicembre 2003 per le acque minerali naturali e quelle di sorgente. Quese ultime sono un'altra novità legale del 1999. Con caratteristiche chimiche ibride tra le acque minerali e quelle adatte al consumo umano, hanno un mercato molto limitato in Italia. Dal 2001 poi è possibile imbottigliare (e vendere) anche l'acqua dell'acquedotto.

Con chi schierarci? Sia l'acquedotto continuo che quello discreto forniscono un prodotto a norma di legge, ambedue i tipi di acqua possono essere trattati chimicamente per rientrare nei canoni di legge e tutte e due le varietà sono controllate dalle autorità sanitarie. Inoltre, entrambe le tipologie di aziende *non* hanno la piena responsabilità della nostra salute. I produttori di acqua minerale infatti garantiscono la qualità fino a quando le bottiglie escono dalla fabbrica, ma non su quanto accade, per esempio, se i contenitori di plastica sono lasciati al sole o vicino a un termosifone. L'acquedotto si spinge molto più in là, riuscendo a portare acqua di ottima qualità fino al cosiddetto *punto di consegna*, il che, però, in soldoni vuol dire che appena supera il contatore la staffetta della responsabilità passa all'amministratore di condominio e al padrone di casa. Questo tranquillizza molte persone ma, personalmente, se passo in rassegna coloro a cui ho pagato l'affitto – uno ci ha messo un anno per cambiarmi un infisso e un altro girava con un enorme mazzo di chiavi finto con cui sognava di ferire un extracomunitario – non posso trattenere i brividi pensando a quali raffinati scienziati la legge affida l'ultimo segmento del percorso dell'acqua (vi conforterà inoltre sapere che non esiste alcun obbligo legale di controllo per i proprietari di case).

In definitiva, siamo soli a scegliere tra gli acquedotti discreti e quelli continui. Per orientarci possiamo decidere di dare un'occhiata nelle case degli altri italiani.

Quante famiglie hanno all'interno almeno una persona che si rifiuta di bere l'acqua del rubinetto? L'Istat ama fare questa domanda agli italiani con regolarità e fornisce sempre, puntualmente, una risposta numerica. Nel 1997 quasi la metà delle famiglie (il 45 per cento) comprava acqua in bottiglia. Dieci anni dopo, nel 2007, questa percentuale si è abbassata al 35,4. Le bottiglie stanno vincendo ancora in Sicilia (68,5 per cento delle famiglie) e in Sardegna (59 per cento) e grandi consumi di minerale si hanno anche nelle famiglie calabresi (45,9 per cento), ma il fronte dei rubinetti sta avanzando.

Naturalmente, come animali opportunisti, avanzano anche i venditori di addolcitori, dosatori di polifosfati e tutti quegli impianti e metodi di trattamento domestico che pongono un altro filtro, l'estremo, tra gli esseri umani e l'acqua in arrivo nelle loro case[3]. L'ambiguità sta trasformando gradualmente anche le abitazioni private in piccoli centri tecnologici. È un segno dei tempi. La manipolazione casalinga della chimica della propria acqua implica però un'ulteriore innalzamento della soglia di allarme: le numerose notizie di impianti-bufala rifilati da equivoci venditori porta a porta, o il fatto che questi apparecchi complessi, quando non sono correttamente gestiti, potrebbero dar luogo a inconvenienti di ordine igienico-sanitario come fondare pullulanti società di microbi nei filtri o demineralizzare pericolosamente un'acqua che già di per sé spesso è oligominerale, aumentano l'incertezza globale. E se questo non vi ha già abbattuto, pensate anche a un altro fatto che getta una luce sinistra sul nostro futuro: l'ossido di idrogeno liquido non serve all'uomo solo per mantenere sani i propri tessuti, ingerire sostanze fondamentali e rendere possibile qualsiasi reazione biochimica. L'acqua serve veramente a qualsiasi cosa. Non bevono solo i nostri organismi, beve qualsiasi ente, organico o inorganico, che abbia a che fare con l'uomo. Beve l'intera società. E tutta nello stesso momento. Questo sta creando qualche problema immediato. Anzi: questo sta creando qualche *grave* problema immediato.

---

[3] Il mensile *Altroconsumo* ha dedicato uno speciale nel settembre 2007 alle brocche filtranti, recipienti di circa un litro e mezzo dotati di una cartuccia a carboni attivi sostituibile. Secondo la rivista, questi apparecchi bloccano sì solventi e trialometani, ma aumentano lievemente alcuni parametri, come i nitrati, e fanno andare fuori legge lo ione ammonio. Se avete una di queste caraffe, non spaventatevi: l'ammonio alle concentrazioni di legge è solo un *indicatore di inquinamento* – e non un inquinante – tanto che anche le acque minerali, a differenza di quelle potabili, non possiedono limiti per questo parametro. Le quantità rilevate nelle brocche non hanno quindi effetti sulla salute. L'effetto è sul sapore. Sarà per questo che alcuni utilizzatori delle brocche affermano di sentire nell'acqua un vago e sfumato retrogusto al limone.

Water trips

Consigli per conoscere le nostre sorgenti

Non dobbiamo chiedere particolari permessi per sapere come stanno le sorgenti, perché ci appartengono: l'acqua è un patrimonio totalmente pubblico. Lo ha sancito definitivamente una norma del 1994 (conosciuta come Legge Galli) che ha diviso l'Italia e le sue riserve idriche in 92 grandi lotti chiamati Ambiti Territoriali Ottimali (ATO). A ogni ATO corrisponde un'Autorità d'Ambito – costituita dai Comuni – che predispone un Piano d'Ambito e, tra le altre cose, stabilisce anche le tariffe delle bollette. E ogni Autorità, con tutta l'autorevolezza di cui è capace, assegna la gestione di tutto il ciclo artificiale dell'acqua (l'acquedotto ma anche le fognature e i depuratori) a *una sola* azienda, pubblica, privata o a proprietà mista (con una gara pubblica). L'unicità del gestore è una novità clamorosa per il nostro Paese che, in preda allo shock, sta ancora cercando di applicare con giudizio la nuova legge. Prima del 1994 esistevano quasi 8.000 enti, ognuno proprietario del suo pezzo di tubo, ora ne dovrebbero rimanere teoricamente 92, anche se per qualche alchimia politica in realtà per ora sono 106. La speranza è quella di riuscire a eliminare i doppioni, le inefficienze e le situazioni spiacevoli del passato (quando per esempio, chi stava a monte gettava senza preoccuparsene i propri reflui su chi stava a valle), una situazione che nel gergo legale è stata chiamata Servizio Idrico Integrato (SII). Per vedere le sorgenti o conoscerne lo stato dovete telefonare proprio al Gestore del SII, che dovrebbe essere in grado di spiegare la chimica dei soluti disciolti nell'acqua e la tecnologia di potabilizzazione e di fornire la Carta dei Servizi, una sorta di garanzia stilata con l'ATO che, in nome di tutti noi ha stabilito le condizioni migliori per l'erogazione (un documento che va posseduto e conosciuto perché è impugnabile nel caso i gestori facciano qualche scherzetto). Tutti i dati chimici, invece, sono contenuti negli archivi delle Aziende sanitarie locali. Per fortuna non dobbiamo corrompere nessuno per averli: la visione delle analisi, comprese quelle prodotte dai laboratori del gestore, è un diritto previsto dal decreto sulle informazioni ambientali. Invece, per conoscere il futuro della vostra acqua, bisogna recarsi direttamente alla vostra ATO, dove in genere chi lo fa va incontro a un'amara realtà: meno della metà degli investimenti previsti dai Piani d'Ambito è stata ancora realizzata, la qual cosa spiega (anche) le frequenti interruzioni del servizio. Se invece bevete l'acqua in bottiglia e volete visitare l'origine dei vostri fluidi corporei, c'è poco da fare: guardate l'etichetta, leggete l'indirizzo dell'azienda che vende l'acqua, prendete l'automobile e andateci. Sprecherete un po' di tempo e soldi, ma perlomeno potrete visualizzare il consumo di benzina sul vostro cruscotto, immaginare le particelle cancerogene che avete regalato all'atmosfera e moltiplicare il tutto per il numero di camion pieni di bottigliette che quotidianamente viaggiano sulle nostre strade.

Paisley, Scozia: la prima città che decise di lavare l'acqua

Questa piccola cittadina industriale a lato di Glasgow non offre molto di interessante (a parte gli scialli per cui è famosa). Qui però più di due secoli fa, nel 1805, venne congegnato, ancor prima di mettere qualsiasi tubo, il primo impianto cittadino di trattamento dell'acqua. L'artefice del sistema, un filtraggio a base di sabbia, fu un ingegnere di nome Robert Thom e il suo modello fu la matrice per tutti gli impianti che dalla Gran Bretagna migrarono negli acquedotti del mondo. Oggi Paisley non dedica nemmeno una via al suo inventore, ma se qualcuno avesse l'intenzione di celebrare chi per primo ha pensato scientificamente a come liberare i bicchieri dai veleni, potrebbe spostarsi 30 km più a ovest in un bel parco naturale, dove Thom collegò un lago alle case degli scozzesi del luogo. Scovarlo è facile. Basta seguire le indicazioni per il Loch Thom.

Ferrara: l'acquedotto dei miracoli

Il potabilizzatore di Serravalle (FE), che appartiene alla CADF Spa, è uno dei centri italiani in cui la tecnologia per purificare l'acqua è più spinta e fantascientifica. Ogni anno vengono controllati 220.000 parametri per fare rientrare i valori chimici dei bicchieri nel recinto della legge. Il motivo è presto detto: l'acquedotto della bassa ferrarese succhia l'acqua direttamente dall'ultimo tratto di un fiume che passa nell'area in cui ci sono più industrie e campi d'Italia. A Ferrara bevono il Po. E nel centro di educazione ambientale "La Fabbrica dell'Acqua" (al secondo piano della palazzina dove un tempo stazionavano i filtri a sabbia) con un laboratorio e una biblioteca multimediale è possibile capire come ogni giorno sia resa possibile questa incredibile tramutazione

Il richiamo della purezza

Val Pescara: la più grande discarica abusiva d'Europa

Incastonati tra il Gran Sasso e la Majella, dormono oltre 200.000 tonnellate di scarti industriali. Questa montagna di rifiuti era stata sotterrata abusivamente vicino al fiume Pescara e negli scorsi anni ha affidato una moltitudine di molecole esotiche e cancerogene all'acqua dei pozzi montani. Se n'è accorto il WWF locale, trovando del tetracloruro di carbonio in alcune fontanelle di paese. Qualche anno prima però, se n'erano accorti anche i responsabili della qualità dell'acqua locale, ma non lo avevano detto a nessuno. L'estate del 2007 scoppiò lo scandalo che privò per un mese Pescara di acqua. A gran voce è stata chiesta un'indagine epidemiologica per vedere se ci sono stati effetti sulla popolazione. Tutto ebbe origine a Bussi, piccolo polo industriale dove un tempo si produceva anche il gas nervino usato in Etiopia. La discarica si trova proprio davanti alla stazione dei treni, dove tutti potevano vederla.

San Gimignano (SI): il "fontanello", l'ultima frontiera del marketing

Brocche di vetro e acqua regalata dal sindaco. A San Gimignano Acque spa, il gestore dell'acqua del Basso Valdarno, ha inaugurato il *fontanello di Belvedere*, un sistema costato 40.000 euro e che eroga gratuitamente l'acqua dell'acquedotto purificata con i raggi UV. Non è l'unico luogo simbolico con cui anche le aziende degli acquedotti cercano di trasmettere un messaggio di purezza, spesso assistite da sindaci che vogliono diminuire il numero delle bottigliette di plastica in discarica. Esistono fontanelli anche a Empoli, Firenze, Spoleto, Roma, Milano. A Torino, davanti al Museo "A come ambiente", la SMAT spa ha creato un chiosco esagonale che distribuisce acqua normale, refrigerata e, infilando qualche moneta, anche gassata (5 centesimi ogni litro e mezzo).

Crodo (VB): il museo nazionale delle acque minerali

Sulle vette che toccano la Svizzera c'è un museo unico che ricorda, per usare le parole dei curatori

le operaie e gli operai che, con rara dedizione e molta fatica, seppero dar vita ai primi processi industriali di imbottigliamento.

Questo luogo riesce a fare ben di più: contenendo 80.000 etichette e 9.000 bottiglie, è un monumento all'idea stessa di acqua minerale. È così bravo a incarnare l'essenza dell'acqua chiusa in bottiglia che, vi piacerà sapere, è anch'esso praticamente sempre chiuso. Per fortuna accanto c'è il parco termale di Crodo, in cui le cure idroponiche sono gratuite (nella località Bagni di Crodo). Oppure, una settantina di chilometri più a sud, potete visitare un centro che celebra la libertà dell'acqua: è il "Museo del rubinetto e della sua tecnologia" di San Maurizio d'Opaglio (NO).

Willoughby, USA: l'acqua giapponese dell'Ohio

Difende dalle malattie, dà energia e fa ringiovanire. La SuperNariwa è un'acqua giapponese che sgorga da rocce magnetiche provenienti dallo spazio, ha guarito un imperatore nipponico del 1200 e la sua esistenza è rimasta un segreto fino a quando uno scienziato non l'ha scoperta e commercializzata. Questo, secondo la pubblicità. A lungo l'unico luogo dove ricevere informazioni è stata una casella postale in un'area free-tax del Colorado (in cui ci sono solo 26 persone e un ufficio postale) e che il folklore locale vuole che sia governata da animali selvaggi. Ora invece esiste un'azienda che la vende a Cleveland, Ohio. Nessuno conosce l'ubicazione della sorgente. L'unica sicurezza è il prezzo. La SuperNariwa costa circa 7.500 euro al litro.

Genova: un'idea chiusa in uno scantinato

Avviso per tutti i portatori di acqua. Nel 2007 due giovani designer industriali genovesi (Stefano Giunta e Francesco Anderlini) hanno avuto un'idea: costruire una specie di carriola la cui ruota è costituita da una tanica tonda dentro un copertone riciclato. In questa maniera si potrebbe trasportare l'acqua senza fatica, aiutando tutte le donne e i bambini costretti a percorrere chilometri per l'approvvigionamento idrico e, contemporaneamente, valorizzando un rifiuto da discarica. La roto-tanica contiene 30 litri, costa pochi euro, ha appassionato Laura Pausini e Andrea Bocelli (che l'hanno inserita in un loro video), ma come tante buone idee non riesce a trovare sponsor. I pochi prototipi esistenti si trovano chiusi in una cantina del quartiere Castelletto, a Genova (per visitarli telefonare a Stefano Giunta, avantgarde@yahoo.it).

L'ultimo giro di bevute

Ultimo giro di bevute, il bar sta chiudendo, il sole se ne va...
Ultime parole di Carlito Brigante, prima di morire (*Carlito's way*)

C'è una leggenda che veniva raccontata ai bambini norvegesi nel profondo del medioevo. Narrava di Thor, il dio del tuono, il cui valore era stato messo in discussione da una combriccola di giganti, tradizionali avversari dell'Asgard, l'Olimpo del Nord. Thor, che si considerava un campione di bevute agli smodati festini degli dei, si vantava di poter svuotare in un solo sorso un corno pieno di birra. Fu quindi sfidato proprio in quello sport. Ma quando provò a tracannare il contenuto di un mostruoso boccale, la sua divina autostima andò improvvisamente in pezzi: dopo tre intensi sorsi, la bevanda era scesa solo di pochi millimetri. Subissato dal dileggio dei suoi peggiori nemici, il dio biondo fu costretto ad ammettere il proprio fallimento. Invece, le risate dei giganti coprivano semplicemente il terrore della catastrofe. Il perché venne svelato al dio solo dopo. Una subdola magia – un "inganno della vista" come recita il testo redatto da un vichingo – gli aveva impedito di vedere dove realmente finiva l'estremità del boccale. Il corno era collegato direttamente con l'oceano. In pratica, il dio stava riuscendo in un'impresa unica e pericolosissima. Si stava bevendo tutta l'acqua del mondo.

La miopia di Thor è la patologia che affligge il mondo contemporaneo. Senza che ce ne accorgiamo, dietro i tubi, i rubinetti e le fontane che zampillano, ci sono falde che precipitano, laghi che si svuotano, fiumi che si prosciugano, nonché una serie di effetti ancor meno visibili, ma che riescono a colpire in maniera aggressiva l'ambiente in cui viviamo. Uno di questi, per esempio, mi è apparso per caso quando, durante un *water trip*, avevo deciso di vedere in faccia l'uomo che amministra l'acqua che uso ogni giorno, il presidente della potente *multiutility* della mia zona (queste aziende si chiamano proprio così per evidenziare il fatto che hanno inglobato come un blob la pluralità dei servizi per i cittadini). Avevo scovato il suo nome su un giornale, su cui avevo letto che avrebbe partecipato a un'oscura riunione tecnica in un minuscolo paese nella campagna padana, e avevo deciso di andarci. La mia idea era quella di trovare cinque o sei persone in maniche di camicia, sedute attorno a mappe topografiche, tra numeri e equazioni di idraulica proiettati sulla parete. Invece, sotto i numeri e le equazioni di idraulica proiettati sulla parete, la sala era gremita di signori con la camicia a scacchi e le braccia conserte che fissavano – con estrema attenzione, le mani sotto le ascelle e neppure l'ombra di un sorriso – l'incravattato presidente della mia azienda acquedottistica. Costui stava leggendo flemmatico alcuni dati da uno striminzito foglietto a quadretti, incurante degli sguardi di fuoco dell'uditorio che lo centravano come tanti mirini laser. Il perché di tanta rabbia compressa stava nell'algido titolo dell'incontro: *subsidenza*, un termine scientifico con cui i geologi intendono ogni abbassamento verticale della superficie terrestre. Che però per gli abitanti del luogo voleva dire qualcosa di meno asettico. Stava affondando casa loro. E dopo ogni grande temporale, campi ed edifici venivano inondati dai fiumi e dai canali straripati proprio a causa dello sprofondamento del terreno e degli argini. Il piccolo disastro ha una causa: il suolo cede perché qualcuno dai pori del terreno sottrae silenziosamente della materia. Acqua. La stessa acqua che, intubata a pressione, arriva dritta nella mia casa. In pratica, benché fossi alle loro spalle, tutte quelle persone minacciose ce l'avevano con *me*.

Lo sprofondamento del suolo è un effetto collaterale irreversibile dello svuotamento del Grande Boccale, un fenomeno che abbassa i terreni da pochi millimetri (condizione considerata naturale) fino a 20 centimetri l'anno e che è di per sé già abbastanza impressionante. Purtroppo, afflitti da miopia come il biondo dio norreno, senza accorgercene potremmo star facendo anche di peggio. Per quanto ne sappiamo, a furia di bere la società umana potrebbe anche rischiare di esaurire tutta l'acqua che la natura ha messo a disposizione, producendo un collasso idrico. È una prospettiva piuttosto spiacevole – solo per non dire terrificante – quindi dobbiamo sforzarci di comprendere se sia anche realistica. In qualche maniera dobbiamo socchiudere gli occhi e, con un notevole sforzo di astrazione, cercare di immaginare a quanto ammonti la somma delle nuvole, dei fiumi, delle rugiade mattutine e di tutte le altre forme e nomi dietro cui si nasconde l'ossido di idrogeno insediato nell'ambiente in cui viviamo. Prima però, dovremmo capire esattamente anche quanto ce ne serve per continuare a svolgere l'attività di essere umano.

Cinque litri. Ecco il volume di liquidi che secondo la scienza medica dobbiamo assumere in qualche forma ogni giorno per mantenerci in vita. Non sembrano molti. Infatti. In realtà, non bastano affatto a conteggiare i nostri bisogni. Ne servono almeno 80, secondo l'opinione ufficiale dell'Agenzia Europea per l'Ambiente, una quantità che ci consente di curare l'igiene personale e quella del luogo in cui viviamo. Se però desideriamo vivere in una società sviluppata, vestiti per bene, attorniati di computer e tv a schermo piatto e, magari, avere anche delle bistecche nel piatto, dobbiamo conteggiare anche il flusso di acqua che finisce in centrali elettriche, industrie, campi e centri di allevamento. Il volume necessario si può impennare fino a numeri stratosferici, con valori estremamente variabili, che vanno da 2.000 fino anche a 5.500 litri. Ogni giorno.

Usare cifre che oscillano fluide, seguendo gli ondeggiamenti delle scelte individuali e degli stili di vita delle nazioni, non ha mai soddisfatto troppo gli studiosi e gli scienziati dell'ambiente. Per questo motivo si è cercata a lungo una boa di riferimento. Quella a cui ci si sta aggrappando più spesso per avere un parametro internazionale confrontabile è stata proposta alla fine degli anni '70 da un'idrologa svedese, Malin Falkenmark, che ha proposto una cifra–guida: per far vivere tranquilli i suoi cittadini, un paese deve poter garantire a ognuno di loro almeno 1.700 metri cubi di acqua all'anno.

Millesettecento, dunque: ecco il numero della salvezza. Ognuno di noi per vivere dignitosamente deve trascinarsi ogni anno questa enorme massa d'acqua, quasi tre milioni e mezzo di bottigliette da bar. Chi ha meno di questa quantità deve allarmarsi. Sotto quota mille deve convivere con il concetto di *penuria idrica*. La disperazione però, secondo questa scala, inizia a 500, cifra sotto la quale è di scena il dramma: ufficialmente il paese è in *crisi idrica*.

Cinquecento, mille, millesettecento. Ogni nazione può calcolare il patrimonio di acqua che può dare in dote ai suoi cittadini per capire cosa lo aspetta nel futuro. L'Islanda per esempio, secondo quanto afferma il *World Resource Institute*, trasuda acqua: nel 2000 poteva garantirne più di 600.000 metri cubi per persona. Al capo opposto c'è il Kuwait, che nello stesso anno ne riusciva a offrire solamente 11 (il che spiega perché gli sceicchi siano disposti a pagare montagne di denaro per ogni metro cubo di acqua dolce). La dote d'acqua, soprattutto nei luoghi dove è più scarsa e necessaria, non solo fotografa le indubbie difficoltà della vita, ma anche la sgradevole asimmetria della società: in Cisgiordania per esempio (nei cui terreni si è infiltrata una delle tre riserve di acqua potabile della zona) gli accordi di Oslo del 1995 destinarono agli israeliani 246 metri cubi l'anno per persona, mentre i palestinesi devono arrangiarsi con solo 57 miseri metri cubi.

E arriviamo a noi. Quanta ne abbiamo? Là fuori c'è una riserva sufficiente a farci dormire tranquilli o è necessario iniziare a correre per strada con una lama in mano alla ricerca disperata di una bottiglia? Per capirlo dobbiamo alzare gli occhi al cielo: la miniera che definisce la dotazione di acqua di un luogo – quella ciclica, rinnovabile e quindi potenzialmente infinita – è lassù. L'Italia da questo punto di vista è fortunata: siamo inondati di pioggia. Secondo le stime più recenti, basate su dati storici, ogni anno cadono sulle nostre teste 296 miliardi di metri cubi di acqua. Di questi, 141 si vaporizzano nuovamente, ma ben 155 rimangono a terra e diventano così importanti che abbiamo dato loro dei nomi (sono i laghi e i fiumi). Altri 13 poi finiscono nelle lente, anonime ma fondamentali riserve sotterranee. In totale, quindi, abbiamo a disposizione un forziere acqueo da 168 miliardi. Sembra un'ottima notizia, talmente buona che spesso i giornali la ripropongono soddisfatti: l'Italia supera di gran lunga quota 1.000, i suoi abitanti possono sguazzare in circa 2.800 metri cubi di acqua a testa. Secondo altre stime possiamo arrivare addirittura fino a 3.025, il che ci rende più ricchi dell'umida Inghilterra.

Siamo salvi? Purtroppo, a discapito di quanto si dice, non lo sappiamo. La maledizione del dio miope affligge anche gli indici internazionali. La dotazione di acqua rinnovabile non garantisce da sola il benessere. E il bilancio tra l'acqua che precipita dal cielo e quella che evapora è una rappresentazione bi-dimensionale, da sussidiario scolastico, un inganno della vista. In 3D la questione assume un altro valore: l'acqua si accumula solo in alcune zone del paese. Non nel centro e nel sud (in cui rimane rispettivamente, il 15 e il 12 per cento dell'acqua) e tanto meno nelle isole (il 4 per cento va alla Sicilia e una stessa quantità arriva in Sardegna); la Fort Knox dell'acqua è il settentrione, dove si concentra circa il 65 per cento di tutta la risorsa[1]. Ma anche la visione di un nord umido e di un sud arido, pur avvicinandosi alla realtà, è purtroppo limitata. Gli occhiali migliori per scorgere l'acqua sono a 4D. Dobbiamo inserire la lente del tempo. Vista così, l'acqua diventa un bene ancor più limitato. Alle nostre latitudini cade in un periodo circoscritto (a parte la zona vicino alle Alpi) soprattutto da ottobre a marzo e latita nel resto dell'anno. Il ciclo idrico, insomma, è come un grande cuore blu che pulsa con le stagioni, ingigantendosi nell'autunno e nell'inverno e assottigliandosi in primavera e estate. E questo ha un crudele corollario: è molto difficile armonizzarsi con questo battito. La maggior parte dell'acqua evapora o sfugge via verso il mare prima che si riesca a trattenerla.

Tenendo conto di tutti questi fattori, nel 1999 gli scienziati del CNR hanno rifatto il conteggio della dote idrica del nostro paese. Le stime prodotte sono piuttosto sconfortanti. Il miraggio traballante di ricchezze teoriche, nella realtà si restringe di circa il 65 per cento. Possiamo contare solo su 52 miliardi di metri cubi. Il che, tradotto, vuol dire che la dote d'acqua degli italiani è in media di 920 metri cubi a testa. Se dovessimo ragionare secondo gli indici internazionali, questo dato ci porterebbe in bilico su un argine incerto e instabile, dove basta una leggera spinta per scivolare verso la crisi.

In realtà per capire se effettivamente ci aspetta un futuro di scarsità, dovremmo rispondere a una semplice domanda: beviamo di più o di meno di quanto abbiamo? La risposta non è affatto facile, perché bisogna conteggiare tutti coloro che si abbeverano al grande ciclo idrico. E non è certo un circolo esclusivo. Il Grande Bar dell'acqua ha molti avventori abituali, ognuno con

---

[1] Tenendo conto del numero di abitanti, si scoprono però immense ricchezze anche nelle zone di potenziale crisi: alte disponibilità di acqua *pro capite* si hanno nel sistema Abruzzo-Molise, nella Calabria, in Basilicata e persino in Sardegna, isola con poca acqua ma, anche, scarsa di persone.

le sue esigenze. Gli idrologi li raggruppano ed etichettano in quattro modi diversi, quattro grandi cicli artificiali che attingono l'acqua dall'enorme ciclo naturale. Il primo è quello che passa dalle nostre case, seguendo fognature e acquedotti. Il secondo cerchio è quello dell'industria, a cui l'acqua interessa, in genere, per raffreddare i grandi macchinari che le danno vita e movimento. Il terzo è quello dell'energia, che usa il flusso dell'acqua per azionare le turbine elettriche. Il quarto, infine, è il ciclo che prende l'acqua per trasformarla in cibo: è l'agricoltura, che con i fiumi e le falde innaffia le colture e dà da bere agli animali da allevamento.

Ognuno di questi cicli preleva acqua con una diversa intensità[2]. Bevono con moderazione o stanno svuotando il bar? Mi spiace dirlo, ma anche qui esistono solo stime. Però c'è una certezza: tutte le previsioni colorano di bigio il futuro. Secondo gli ingegneri italiani, che nel novembre del 2008 si sono riuniti in un congresso a Napoli a commentare i dati utili più recenti sullo stato dell'acqua, in Italia si sfrutta quasi il 78 per cento della disponibilità idrica rinnovabile. Nell'arido sud e nelle isole, dove ce n'è meno, si lappa il fondo del barile, arrivando addirittura al 96 per cento. Anche la Commissione Europea ha voluto classificare i vari paesi dell'UE a seconda dello sfruttamento idrico: secondo l'indicatore WEI (*Water Exploitation Index*, calcolato nel 2007) le peggiori sono la Bulgaria e l'assolata Cipro, ma l'Italia viene subito dietro, insieme alla Spagna, alla Macedonia e a Malta: sono i Paesi in *water stress*, i più smodati bevitori di acqua. E c'è chi ha provato a immaginare di muovere in avanti i quattro cicli artificiali, regolandoli come le rotelle di una sveglia che suonasse alla fine dell'acqua. La predizione è stata consegnata al Parlamento Italiano nel 2005 dal Comitato per la vigilanza sull'uso delle risorse idriche (Coviri), un organo amministrativo indipendente di controllo del nostro Paese. Se continuiamo con il trend attuale – si leggeva nel plico –

---

[2] In Europa quasi la metà dell'acqua viene utilizzata per la produzione di energia (44 per cento), il 24 per cento viene sparsa per l'agricoltura, il 21 per cento per l'approvvigionamento idrico pubblico e l'11 per cento per l'industria. L'Italia invece ha fatto delle scelte diverse che hanno cambiato il diametro dei cicli artificiali. In genere da noi l'uso civile e quello industriale hanno circa la stessa dimensione (19-20 per cento), il consumo per l'energia è di circa il 10-11 per cento, mentre è il ciclo dell'agricoltura a essere immenso: in genere la metà dell'acqua prelevata in Italia è usata nei campi.

in Italia il prelievo supererà la dotazione idrica rinnovabile in una manciata di anni. Per troppi avventori il grande bar dell'acqua sta per chiudere le spine: l'ultimo giro di bevute è fissato per il 2015.

Sicuramente quindi, a meno che il piano non sia quello di trasformare l'Italia in un deserto, dobbiamo rallentare. Ma per fortuna l'acqua non è il petrolio. È una fonte rinnovabile. In termini strettamente logici, possiamo salvarci dalla catastrofe *quando vogliamo*. Basta che chi ha in mano il governo dell'acqua riesca a regolare contemporaneamente tutti i quattro cicli acquei artificiali, armonizzandoli con il ciclo naturale e facendo risuonare il prelievo di acqua con le oscillazioni del clima. Lasciando, anche, sempre una riserva sufficiente.

Sì, è vero: sembra un lavoro più adatto a chi di mestiere fa la divinità onnisciente (e che con un battito di ciglia riesce a vedere ogni nuvola, ogni fiume, ogni lago, ogni tubo, pozzo o canaletta di scolo). Invece, una simile conoscenza è possibile anche per noi creature miopi. Al solito, è solo una questione di prospettiva. Bisogna scendere dall'Olimpo, dall'Asgard o da qualsiasi altro *resort* per dei e avvicinare il naso all'acqua. Il luogo giusto per farne la regia e per evitare le crisi esiste. Andiamoci. Per capire cosa non funziona.

Benvenuti in un *bacino idrografico*. Nome tecnico, senz'altro, ma dal significato chiaro: i bacini sono i contenitori naturali dove cade la pioggia. Sono i grandi bicchieri dai quali beviamo. All'interno scorre il loro lato più visibile e denso di significato, il fiume – che dà anche loro il nome, dal bacino del Rio delle Amazzoni a quello della Loira – ma questi luoghi, come abbiamo imparato durante lunghe lezioni di geografia, sono ben di più. Oltre al fiume, nel bacino fluisce tutto il reticolo di affluenti superficiali e anche l'acqua sotterranea che alimenta il corso d'acqua o, talvolta, ne viene alimentata.

I bacini sono la scala ideale per capire veramente, senza perdersi in previsioni che coinvolgono aree troppo grandi, quanta acqua c'è attorno a noi. Hanno tutte le caratteristiche giuste: hanno forma, geologia e meteorologia conosciuta; dentro un bacino possiamo quantificare le piogge che cadono e stimare l'acqua che torna in atmosfera; possiamo determinare i flussi che finiscono nei laghi, nelle golene, nei torrenti, nei fiumi ed è piuttosto abbordabile anche la misura della quantità di acqua che può accumularsi nel suolo. La migliore visuale sul ciclo idrico si ha solo da un bacino idrografico. E tutto il bacino può stare in un computer, il cui schermo è la migliore terrazza panoramica da cui fare le scelte, monitorare gli scarichi, amministrare i prelievi. Insomma, il bacino di un fiume è un'unità che unisce scienza e geografia, il paradiso per chiunque voglia gestire il ciclo del consumo civile, quello delle bottiglie, dell'energia, dell'industria e dell'agricoltura[3].

Piazzare qualcuno in un bacino e fargli gestire l'acqua è un'idea talmente buona e fattibile che ha avuto successo in gran parte del mondo. E anche in Italia. Dopo anni di anarchia e saccheggio, infatti anche il nostro paese ha deciso di gestire l'acqua secondo criteri scientifici. Nel 1989 una legge ha battezzato il bacino un'"unità fisica inscindibile" e ne ha individuato 7 di interesse nazionale e 13 di importanza interregionale (i fiumi regionali ricadono sotto il potere dei poteri amministrativi locali). Per ognuno di essi poi ha inventato delle istituzioni nuove di zecca: le Autorità di bacino, la cui missione è quella di gestire le sorti del fiume dalle sorgenti alla foce, attraverso dei lunghi e dettagliati documenti, chiamati Piani di bacino, con cui capire dove prendere l'acqua e dove e in che tempi restituirla. Lo scopo dichiarato è quello di mantenere nel fiume una quantità di acqua sufficiente per poterlo definire tale (e per permettergli di diluire sufficientemente tutto ciò che gli viene scaricato addosso) un concetto noto come *mantenimento del deflusso minimo vitale* e che, dietro a numeri e a equazioni idrauliche, nasconde il desiderio di evitare che i fiumi e le falde si sentano come pecore attorniate da tosatori.

Ogni *water tripper* che desideri dare un'occhiata alle proprie riserve di acqua dovrebbe recarsi nella propria Autorità di bacino. Qui vedrebbe una moltitudine di persone che camminano avanti

---

[3] In realtà non sempre i bacini sono monadi chiuse. Talvolta le acque di un bacino dialogano naturalmente con quelle di un altro (per esempio gli acquiferi che alimentano l'Adige in Veneto e il fiume Reno in Emilia sono collegati sottoterra), anche se il più delle volte non si tratta di un rapporto significativo. In certi casi però lunghe condotte e canali riescono a trasportare enormi quantità di acqua da un bacino all'altro. La situazione in cui questo è più plateale è quella dell'Acquedotto pugliese che attinge acqua dalle montagne lucane per portarla nelle zone più aride d'Italia.

cercano di destreggiarsi tra le norme presenti e fantasmi futuri, discutendo delle sorti dell'acqua a tavoli affollatissimi, ma anche perché sopra le teste sta accadendo qualcosa. Una mutazione che somma all'incertezza della gestione un'altra incertezza, ancora più impalpabile, sul destino dell'acqua. Una drammatica consapevolezza che ha cominciato a risvegliarsi a metà degli anni '50, grazie a un giovane americano squattrinato.

Charles David Keeling, geochimico, aveva deciso di mollare tutto e dedicarsi al pianoforte. Finito il dottorato al California Institute of Technology, era entrato in una dimensione precaria in cui albergava un'unica certezza: l'assenza di dollari. L'anno prima a Big Sur, tra i monti verdi che in California cadono a picco verso le grandi onde dell'Oceano Pacifico, Keeling era riuscito in qualcosa di unico: aveva misurato e analizzato con un metodo originale l'anidride carbonica in atmosfera, intuendo che rispetto alla fine dell'Ottocento, la CO_2 era aumentata di *un quarto*. Era un dato interessante, perché in numerosi incontri scientifici dell'epoca si era cominciato a capire che il gas faceva parte della famiglia di sostanze responsabili dell'effetto serra, il fenomeno che riscalda il pianeta, mantenendo una temperatura abbastanza alta da aver permesso a tutti noi di essere qui per parlarne. Dopo questo primo brillante risultato, però, la ricerca di Keeling si era bloccata per mancanza di fondi. Quindi, ecco la decisione di abbandonarsi alle melodie della musica classica. A strappare Keeling, un ventottenne dai capelli a spazzola, dai tasti bicolori del pianoforte per gettarlo davanti ai grafici della composizione atmosferica, fu Roger Revelle, direttore dello Scripps Institution for Oceanography di San Diego, un gigantesco oceanografo alto più di due metri che nel 1957 aveva lanciato l'Anno Internazionale della Geofisica. Revelle era riuscito a dirottare dei soldi su un'idea che già da qualche tempo girava nell'ambiente scientifico: l'anidride carbonica stava trasformando il clima. Servivano però misure che potessero dimostrarlo producendo dati confrontabili per un lungo periodo di tempo. E Revelle trovò in Keeling il suo braccio destro, ancor più meticoloso e puntiglioso del capo. Il giovane chimico piazzò uno spettrofotometro all'ultimo grido a 3.400 metri di quota, in cima al Mauna Loa delle Hawaii, il più grande vulcano del pianeta. Già dopo qualche anno, anche grazie a dei rilievi presi in Antartide, venne registrato un aumento di anidride carbonica. La quantità di gas che inizialmente venne misurata era di circa 315 molecole di biossido di carbonio ogni milione (ppm). Con continuità vennero prese misure ogni anno (con una piccola pausa negli anni '60). Nel 2007 i gas serra erano arrivati a 385 parti per milione. Il grafico che unisce le due cifre è noto ora come *curva di Keeling* ed è una delle prove più ferree dell'aumento dei gas serra e del riscaldamento globale. Attorno al grafico e ai suoi epigoni, in questi anni si sta dibattendo sulle responsabilità di chi sia stato e su chi debba porre dei freni al proprio sviluppo, ma una certezza si sta facendo strada. Il clima sta cambiando.

Non c'è scampo: se si decide di seguire le vie dell'acqua, sulla strada si incontreranno sempre di più gli esponenti della tribù dei climatologi e i loro traduttori del quotidiano, ossia i meteorologi, probabilmente le persone che usano di più la parola "probabilmente" e che riuscirebbero a scrivere interi libri al condizionale. Non hanno tutti i torti, nulla è certo nel regno dei cieli, e sicuramente le teorie del clima non hanno ricadute leggibili con facilità su una mappa del tempo atmosferico. Ma ciò che raccontano i pluviometri dei meteorologi da un po' di tempo è ugualmente inquietante: stanno mutando le piogge, la nostra prima fonte di acqua rinnovabile. In Italia il numero di anni in cui le precipitazioni sono state sotto la norma sta diventando piuttosto alto e tutti i dati presentati nelle relazioni ufficiali – come quelli di Ensembles, il progetto di ricerca europeo sui cambiamenti climatici – non fanno che confermare la tendenza. Piove e nevica sempre di meno. Claudio Smiraglia, uno dei massimi esperti di acqua allo stato solido (tanto da sedere sulla poltrona del presidente del Comitato dei glaciologi italiani) lo ha rappresentato dal suo gelido punto di vista, pubblicando uno studio che mostra come i ghiacciai alpini, la grande massa che liquefacendosi sotto il sole regola le siccità estive del nord del paese, negli ultimi decenni si sia assottigliata, rimpicciolita e frammentata. Un processo che sembra essere accelerato improvvisamente, come se le Alpi fossero state messe in un forno a microonde[4]. Le scorte di acqua del nord umido, insomma, stanno drasticamente diminuendo.

---

[4] In più di un secolo, tra il 1850 e il 1980, i ghiacci di montagna sono diminuiti del 40 per cento. Nei vent'anni successivi hanno subito una brusca contrazione di un altro 20 per cento. Un'analoga diminuzione è avvenuta nel loro spessore.

E (sembra un *cliché*) le stagioni non sono più come un tempo. Lo sta segnalando con regolarità, come in un romanzo a puntate, anche la Protezione Civile, che si preoccupa di annotare e pubblicizzare tutte le anomalie degli ultimi anni che ci hanno regalato autunni aridi deflagrati in crisi estive. Secondo Sergio Borghi, direttore dell'Osservatorio Meteorologico Milano Duomo, il dito va puntato proprio contro le estati, che si stanno allungando e, allargandosi nel calendario, lasciano poco spazio alle stagioni fredde e umide. Tutto ci saremmo aspettati tranne che provare nostalgia per i lunghi piovaschi novembrini, ma pare stia succedendo proprio questo. Se d'autunno e d'inverno non piove più come prima la colpa va cercata in una dimensione più ampia, comprensibile solamente tramite modelli matematici che girano su computer: sembrerebbe essere le metropoli che si affacciano sul Mediterraneo il motore del cambiamento. Gettando in aria tonnellate di CO_2, aumenterebbero la naturale tendenza del *mare nostrum* a trattenere il calore estivo. L'effetto finale è una cupola di aria calda che protegge il Mediterraneo e blocca le nuvole d'autunno, ovvero quelle masse cariche dell'acqua dell'Oceano Atlantico che, invece di arrivare in Italia passando lungo la valle del Rodano, sono respinte all'altezza di Orange e Avignone e dirottate sopra le Alpi, verso l'Europa centrale e i Balcani. Se vogliamo ritrovare la nostra pioggia e la nostra neve, dunque, dobbiamo andare a Praga e Sarajevo. In Italia non rimangono che autunni e inverni secchi.

È una tendenza, certo, non una certezza. Ma, se l'analisi è corretta, stiamo perdendo il nostro unico periodo di floridezza acquatica. In più, come descrivono i più frequenti scenari climatologici, anche le poche piogge rimanenti stanno mutando. Cade meno acqua, e cade più concentrata. Dobbiamo aspettarci sporadici, rapidi e violenti temporali: la situazione ideale per far saltare le fognature e per impedire al terreno di assorbire l'acqua. La nostra sempre più scarsa risorsa correrà sempre più rapidamente verso i fiumi e da lì verrà inghiottita dai mari. Le nostre risorse già sfruttate si ridurranno. Se vogliamo continuare a bere, e in queste quantità smodate, dobbiamo inventarci qualcosa di nuovo.

Potremmo cominciare a ingollare il mare. L'aspetto positivo consiste nel fatto che ce n'è una quantità immensa (il 97 per cento dell'acqua della Terra è salata). Quello negativo: il mare contiene sostanze disciolte in una quantità circa 70 volte più alta di quanta possiamo ingurgitare senza cadere a terra in preda alle convulsioni. È il risultato dell'osmosi, quel processo fisico che induce l'acqua dolce racchiusa nelle cellule del nostro corpo a uscire attraverso le membrane per diluire l'eccesso di sale. Un principio fisico noto in cucina perché ci permette, gettando zucchero sulle fragole, di fare uscire l'acqua dalla frutta e fare una macedonia sugosa (ecco perché nessuno beve il mare: a nessuno piace che dalle nostre cellule esca *sugo umano*). La natura però può essere forzata a correre al contrario, con una tecnologia ideata negli anni '70 e che sta facendo passi da gigante: l'osmosi inversa. La usano in molti paesi come Spagna, Malta, California, Sud Africa, Israele. Nel mondo ci sono più di 12.000 impianti che affondano grandi tubi nel mare per questo scopo, con una capacità produttiva di 45 milioni di metri cubi al giorno (l'Arabia Saudita da sola produce un decimo dell'acqua di origine marina del pianeta). Il problema principale che impedisce a tutto il mondo di mettersi improvvisamente a sorseggiare gli oceani, sono i costi. Per dissalare servono grandi quantità di energia. Si stima che un dissalatore raddoppierebbe i consumi elettrici di una comunità. Servirebbe quindi energia economica e, per inciso, dovrebbe provenire da centrali non inquinanti, altrimenti i dissalatori arriverebbero al paradosso di aumentare ulteriormente l'effetto serra che minaccia le risorse idriche. Nonostante alcuni progetti sperimentali, sembra dunque che, per ora, bere il mare rimanga un'attività per qualche ricca città costiera all'ultima spiaggia[5].

Ci sono però anche altre vie per incrementare le nostre risorse. Potremmo cercare di fermare in qualche modo l'acqua che scorre, rallentando il ciclo naturale. In India per esempio, il regno dei monsoni che concentrano la pioggia durante pochi mesi, la tradizione locale prevede di costruire delle camere in cui bloccare l'acqua piovana per i periodi peggiori. *Tanka*, vengono chiamati. Un'ottima idea dalla quale gli inglesi hanno ricavato anche una parola: *tank*. Serbatoi.

---

[5] C'è chi è ottimista. Peter Rogers, membro del Comitato tecnico del *Global Water Partnership*, un'organizzazione internazionale fondata dalla Banca Mondiale, dalle Nazioni Unite e dall'Agenzia Svedese per lo Sviluppo Internazionale, la scienza entro breve sfornerà dei filtri a osmosi inversa composti da nanotubi di carbonio che abbatteranno i costi di un 30 per cento.

Sistemi di accumulo, quindi. Ogni acquedotto conserva acqua per i tempi di magra (in quei silos che spuntano come funghi alieni tra le case) e si possono usare allo stesso scopo gli invasi artificiali che hanno un'enorme capacità di contenimento, ma che feriscono montagne e corsi d'acqua. Le frequenti emergenze idriche (l'ultima più grave, nel 2003, ha coinvolto più di 100 milioni di persone in Europa, producendo un danno economico di almeno 8,7 miliardi di euro) ha convinto qualcuno a cercare nuove soluzioni. Potremmo usare i serbatoi naturali. Si potrebbe, per esempio, catturare una parte dei ruggenti fiumi invernali e nasconderla sottoterra, per creare un grande forziere acquatico sotto i nostri piedi da usare con calma d'estate. Questo tipo di progetti, che riscuotono successo soprattutto negli USA, in Australia e in alcune zone d'Europa, stanno cominciando a prendere forma anche in Italia. E in posti importanti, come quello che è stato definito il più vasto serbatoio idrico d'Europa.

È il suolo della pianura padana veneta. Camminare lungo un sentiero di campagna da queste parti vuol dire calpestare le enormi quantità di detriti (ghiaia, limo e argilla) che i torrenti alpini nel tempo hanno trascinato e riversato sul letto di roccia a valle: un deposito poroso che riesce a ospitare una falda spessa centinaia di metri e numerosi acquiferi in pressione. Questo Bengodi di acqua non è del tutto nascosto: si svela nelle cosiddette risorgive, dei freschi laghetti naturali che sgorgano nella pianura, dando vita a loro volta a torrenti e corsi d'acqua che hanno alimentato le potenze di Padova e Venezia. Questa ricchezza è stata però svaligiata. Il Piave non mormora più: spesso rantola contorcendosi in una specie di rigagnolo. E l'acqua sta sparendo da sottoterra.

> Le uscite prevalgono sulle entrate, come dimostra il costante abbassamento delle falde dagli anni '60 a oggi

spiega snocciolando dati Umberto Niceforo, il direttore del Consorzio di bonifica Pedemontano Brenta che gestisce un pezzo della rete idrografica della zona. La causa è lo scavo dei corsi di acqua (che abbassando l'altezza dell'alveo ha di fatto risucchiato l'acqua sotterranea verso la superficie) e lo sfruttamento selvaggio. L'acqua è emunta legalmente dai fiumi e dal terreno con le concessioni pubbliche, ma anche grazie alle migliaia di pozzi privati che spillano senza regole.

L'idea di ricaricare le falde usando le piene dei fiumi invernali non poteva che nascere da queste parti, in cui si respira un'aria sconfortata da paradiso perduto. Il progetto, consegnatomi in un nobile palazzo di Venezia dove ha sede la locale Autorità di bacino, è partito nel 2009, finanziato dall'Unione Europea con quasi 900.000 euro. L'obiettivo è riuscire a conoscere con esattezza le geometrie invisibili delle falde nel sottosuolo, facendo rilievi simili a quelli per cercare il petrolio, per vedere (addirittura tridimensionalmente) come si muove e dove si accumula l'acqua sottoterra. Questo è solo il primo fine. Una volta capito ciò che sta sotto, si dovrà studiare come è messa la superficie del terreno, visto che il rischio è quello che le città e l'intenso lavorio della terra abbiano reso il suolo impermeabile all'acqua come un gigantesco ombrello[6]. Tutti questi dati saranno poi lanciati dentro calcolatori che cercano di simulare i cambiamenti climatici che avverranno nei prossimi anni, per prevedere le quantità di acqua che ci aspettano. Sarà un lavoro intenso e che riuscirà a dare i primi risultati solo fra qualche anno, ma che tiene tutti con il fiato sospeso: il nord–est potrebbe diventare un modello per capire se anche in altre aree vaste del nostro Paese è possibile spostare le piene dei fiumi, dirottandole nei canali agricoli che si inoltrano nella pianura, per farle infiltrare sottoterra. La sfida è quella di riuscire a creare un grande *caveau* sotterraneo a cui attingere in tempi di crisi. È possibile? Per ora la prospettiva più accurata ce la fornisce l'acronimo del titolo con cui è stato battezzato il progetto europeo (*Tool for Regional–scale assessment of groUndwater Storage improvement in adaptation to climaTe change)*: TRUST. Bisogna aver fede. Intanto nell'immediato, la parola d'ordine che risuona dappertutto, dagli uffici tecnici alle aule scolastiche, è un'altra. Combattere gli sprechi.

"Marcello, come here! Hurry up!". Anita Ekberg balla tra conchiglie, ippocampi e tritoni in pietra della Fontana di Trevi. Le sue forme da valchiria ondeggiano tra simulacri dei fiumi italiani, muoven-

---

[6] In Europa la superficie coperta da materiale impermeabile è mediamente il 9 per cento di quella degli Stati UE. In Italia, secondo la Carta nazionale dell'impermeabilizzazione (in fase di perfezionamento da parte dell'ISPRA, la nostra agenzia per l'ambiente) le regioni più restie a fare infiltrare acqua sono la Lombardia, la Puglia, il Veneto e la Campania.

dosi sinuose nell'acqua gelida estratta dalle montagne e dalle colline dietro Roma. Un emblema biondo di donna irraggiungibile e di dolce vita. Ma nelle sue rotondità svedesi si intravede il simbolo di un altro traguardo, altrettanto faticoso da toccare. Mentre Malmoe, la città natale dell'attrice, possiede uno dei migliori e più efficienti acquedotti del pianeta, nella città eterna le tubature cittadine che riforniscono case e fontane arrivano a perdere per strada fino a *40.000 litri* al chilometro, ogni giorno (quando indugio a fantasticare, talvolta penso che debba essere questo il motivo per cui quando Mastroianni cerca di avvicinare le labbra al viso della ragazza, l'acqua improvvisamente svanisce).

Le nostre città non solo bevono molto (ogni italiano consuma tra i 150 e i 250 litri al giorno), ma si sbrodolano addosso. La cronaca ci ha abituato ogni estate a sentire parlare di sprechi e di tubi che perdono. Il motivo di tanta notorietà è che la percentuale di acqua che parte dal potabilizzatore e non arriva ai rubinetti è un numero facile da ottenere perché tutti gli acquedotti sono obbligati dalla legge a misurare i volumi di acqua prelevata e di quella erogata. In realtà si tratta di un numero che non riesce a far percepire il vero problema. Dove avvengono le perdite? In montagna, dove l'acqua se esce torna subito alla falda e ai fiumi, oppure l'acqua fuoriesce in zone in cui è irrecuperabile? Più che le quantità di acqua persa, ai gestori della risorsa dovremmo domandare *dove* sono i buchi nei tubi. Questo però non vuol dire che il problema non esista: le perdite nella distribuzione sono una questione mondiale che toglie il sonno a molti ingegneri, dall'Australia al Messico, soprattutto a coloro che vivono in luoghi dove l'acqua è scarsa e deve percorrere molti chilometri prima di arrivare a destinazione. Per risolvere questo tipo di problemi si prospettano grandi sacrifici per le casse pubbliche. Gli Stati Uniti e il Canada, secondo uno studio uscito nel 2007, per riparare e ammodernare le rispettive reti dovranno spendere 3.600 miliardi di dollari nei prossimi 25 anni, una spesa ritenuta obbligatoria e non negoziabile vista la situazione di crisi idrica. Difficile capire quanti soldi si investiranno qui da noi per costruire nuovi tubi o riparare quelli vecchi, ma si parla di circa 30 miliardi di euro in 30 anni per risolvere le perdite di rete, che in Italia oscillano tra gli 8.000 e 100.000 litri a chilometro al giorno (un valore chiamato freddamente *perdita specifica*) e per sostituire quasi 50.000 chilometri di acquedotti[7]. Pensare di avere tubi a prova di qualsiasi fessura è comunque utopistico. I tecnici del settore ritengono che sia un obbiettivo accettabile quello di raggiungere il livello di 5.500 litri di perdita specifica. L'*American Water Work Association* lo ha espresso in percentuale: sotto il 10 per cento di perdita di acqua, i costi per riparare i tubi sono troppo alti rispetto ai vantaggi. Ma anche questo obiettivo di compromesso in Italia rimane lontano. Nei nostri acquedotti circa il 30 per cento dell'acqua sottratta all'ambiente non arriva ai rubinetti. E, soprattutto nel sud, le perdite possono arrivare alla *metà* dell'acqua immessa in rete[8].

All'altro capo dei tubi, noi però abbiamo in mano un'altra efficiente soluzione per risolvere il problema delle emergenze idriche: il risparmio. In casa consumiamo grandi quantità di acqua per ogni più banale aspetto della nostra esistenza (un colpo allo sciacquone può succhiare dalla rete 20 litri, una doccia di soli tre minuti – probabilmente un'esperienza sconosciuta ai più – 50 litri, un bagno in vasca fino 300 litri). Vi sarà capitato sicuramente di leggere i nuovi decaloghi dell'ecologia che proclamano tante regole facili e intelligenti come quella di chiudere il rubinetto quando ci si lava i denti e di preferire la doccia alla vasca da bagno. Giulio Conte, fondatore dell'Istituto Ambiente Italia, nel suo imprescindibile libro *Nuvole e sciacquoni* rivela però che esiste un nugolo di tecnologie semplici ed economiche che è possibile applicare ai tubi, ai rubinetti o da installare in casa: valvole, limitatori di flusso, miscelatori di aria che riducono la quantità di

---

[7] Secondo il Coviri – il Comitato per la vigilanza sull'uso delle risorse idriche, che tiene sott'occhio le ATO – I valori di investimento estrapolati per l'Italia (33 €/ab. anno) sono un po' meno della metà di quelli previsti per l'Inghilterra e il Galles (80 €/ab. anno) e addirittura poco più di un terzo del massimo previsto per gli USA (72-114 €/ab. anno).
[8] Ma non bisogna mai fidarsi dei numeri ufficiali. La massima è suggerita sempre dal Coviri, che nel maggio 2008 ha puntato il dito pubblicamente contro la mancanza di un vero quadro conoscitivo del problema "perdite di rete", ipotizzando anche che in certi contesti l'uso di dati stimati (e non misurati) possa essere una mossa per chiedere qualche finanziamento. Un motivo in più per andare a bussare alle porte dei gestori dell'acqua e parlare di persona con i responsabili delle nostre risorse.

acqua, rubinetti a tempo, WC a doppio pulsante o azionabili a comando, lavatrici in grado di usare solo 12 litri (contro i 100 di un normale apparecchio) per lavare 5 chili di biancheria. Tutto questo può ridurre più del 30 per cento dei consumi domestici. Ma ci sono idee ancora più avanzate. Riutilizzare l'acqua più volte in casa, per esempio. Sono rimasto allibito guardando un diagramma a torta che con diversi colori illustrava i consumi idrici di una casa tipo: per lavarci preleviamo dall'acquedotto la stessa quantità di acqua che usiamo per gettare via i nostri rifiuti personali con lo sciacquone del water. Perché dovrei pagare quest'acqua *due volte*, una volta per il lavandino e un'altra per il WC? Perché non usare la *stessa* acqua, prima nel lavandino e poi nel WC? Quesiti retorici, perché hanno solo una risposta logica: per gran parte degli usi è molto meglio usare le acque saponate della doccia, della cucina e delle lavatrici. In una parola, molto meglio usare le acque grigie. Secondo il sito *graywater.com*, tra le quattro mura domestiche si produce soprattutto questo tipo di rifiuto liquido: il 60 per cento dell'acqua di casa infatti è grigia, e questo patrimonio prezioso potrebbe essere immediatamente riutilizzato per lavare l'auto, irrigare il giardino, lavare le scale (ovviamente con un minimo di depurazione).

E il passo successivo è quasi automatico: per aumentare queste riserve grigie basta aprirle verso il cielo. La rete grigia può essere alimentata dalla pioggia, una risorsa che in città scivola sull'asfalto e viene già destinata alle fognature. Immaginiamo poi serbatoi di accumulo per raccogliere le precipitazioni: se avessero adeguate dimensioni potrebbero addirittura fare diventare autonomi interi quartieri cittadini. Non sono sogni per il futuro. Anzi, la raccolta della pioggia è la soluzione più antica del mondo. Accoppiata alla nuova tecnologia di filtraggio e depurazione funziona ed è già adottata in alcune zone sperimentali.

In Italia l'unico progetto scientifico che ha studiato l'uso di acque grigie si trova nell'estrema periferia di Bologna[9]: una casa anonima e biancastra di tre piani che nel 2001 è stata assediata da uno sciame di persone dotate di camice e una preparazione scientifica. I tecnici e gli scienziati hanno misurato per un intero

---

[9] In via Adolfo De Carolis 45.

anno i volumi di acqua e hanno raccolto, senza alcun imbarazzo visibile, qualsiasi refluo uscito dai WC delle famiglie. In quattro appartamenti su otto sono state installate semplici tecnologie per minimizzare il consumo idrico. Inoltre l'Enea ha installato un innovativo sistema per raccogliere, trattare l'acqua dei lavandini, delle docce e delle vasche, e inviarla dritta negli sciacquoni. Sui tetti è appollaiato un secondo impianto formato da delle bocche che eliminano la prima pioggia (la più inquinata) e raccolgono il resto di ciò che precipita dal cielo in piccoli serbatoi (che riescono ad accumulare fino a 35 metri cubi), da dove viene prelevata per lavastoviglie e lavatrici. Tra queste mura si è misurata la possibilità di riprogettare le città per far sì che gli edifici bevano meno acqua dai fiumi e dalle falde. Il piccolo condominio sperimentale, oltre a consumare il 30 per cento dell'acqua in meno rispetto agli appartamenti convenzionali grazie al risparmio idrico, è riuscito a guadagnare un altro 20 per cento di acqua in meno, grazie al riciclo di acqua grigia e all'uso della pioggia.

Una meraviglia del risparmio e del riciclo. Sarebbe affascinante che questa casa potesse divenire il primo avamposto di una rivoluzione metropolitana che lanci le città verso un futuro splendidamente grigio (finalmente una connotazione positiva per un colore che normalmente si associa ai topi, ai piccioni e a Torino). Dando però un'occhiata ai listini dei prezzi delle aziende che producono congegni per la depurazione locale e il riuso delle acque grigie, dobbiamo arrenderci dinnanzi a un fatto doloroso: per rendere gli ambienti urbani più efficienti ci vogliono troppi soldi e energia. Senza una qualche forma di incentivo o con nuove edilizie futuristiche, l'acqua dell'acquedotto costa meno di quella riciclata. È più conveniente, insomma, gettare in un WC acqua potabile. In questo ciclo idrico artificiale siamo quindi a un'*impasse*. Proviamo a trasferirci in un altro. Un ciclo instabile e terribilmente esigente.

Water trips

Consigli per conoscere il rischio di crisi idrica

Tutte le informazioni disponibili sulla quantità di acqua, dovrebbero essere a disposizione nelle Autorità del vostro bacino idrografico. Il condizionale deriva da due considerazioni. Primo: nessuno ha mai previsto che questi enti così fondamentali fossero dotati di uffici per la relazione con il pubblico. Secondo: in alcuni luoghi le Autorità non sono ancora state create. In genere, dunque sono più sollecite a spiegare cosa sta accadendo all'acqua le Regioni che, per una legge del 1999, devono occuparsi anche di redigere i Piani di tutela delle acque, un lavoro importante che secondo molti analisti spetterebbe alle Autorità di bacino (che in ogni caso devono dare un parere sui documenti). Questa situazione ha permesso un curioso caso di fissione: in fase di pianificazione, le frontiere umane hanno scisso le *unità fisiche inscindibili* dei bacini idrografici. Ecco spiegato perché è probabile che le più accurate informazioni sull'acqua che vi circonda vi siano fornite solo in un'ottica regionale. Anche se volete avere un censimento sui prelievi è meglio che vi rechiate agli uffici di tutela dell'acqua delle Regioni. È in questi posti (anche se in alcuni casi sono state delegate le Province) che vengono rilasciate le concessioni per l'uso dell'acqua, permessi che durano 30 o 40 anni, ma che possono essere inibiti in caso di problemi della risorsa (la qual cosa può concludersi con un risarcimento di denaro ai concessionari che non possono più prelevare). Potrete magari rifare l'esperienza di chi, in passato, ha scoperto che le concessioni elargite superavano la portata media dei corsi d'acqua. In questi uffici troverete anche le informazioni sulle problematiche concessioni interregionali che coinvolgono l'uso di quell'acqua che ha avuto la malaugurata idea di piazzarsi tra due o più confini umani.

Digione (F): il primo ciclo

La prima occhiata seria al ciclo dell'acqua è avvenuta nelle valli della Borgogna da dove sgorga la Senna. Qui Pierre Perrault, un avvocato seicentesco appassionato di geologia, per la prima volta calcolò che l'enorme quantità di acqua contenuta nel fiume era una bazzecola rispetto a quella caduta nel bacino con la pioggia. Quindi, le nuvole potevano riempire i fiumi: uno smacco per la scienza del momento che credeva ancora in Platone e nel fatto che i fiumi provenissero solo da ricche fonti del sottosuolo. Quella della Senna è stata la prima sorgente capita nella sua vera natura celeste, il primo punto in cui il ciclo idrico di terra è stato collegato a quello dell'atmosfera. La potete trovare a Saint–Germain–Suorce–Seine, sulla strada che da Digione va verso Troyes.

Lago Mead (USA): quando l'acqua ammaina bandiera bianca

Uno dei casi più eclatanti di ipersfruttamento delle risorse. Il fiume Colorado contribuisce a irrigare località desertiche come Las Vegas e Phoenix (dove nel quartiere di Fountain Hills potete ammirare la fontana a getto più alta del mondo). I prelievi sono diventati talmente intensi che nel lago Mead, il bacino artificiale più grande degli USA, alle spalle della monumentale diga Hoover, i livelli, sempre più bassi, hanno disegnato una striscia bianca sulle pareti del canyon.

Mugello, Toscana (I): bersi una valle per 22 minuti

Trentasette sorgenti sparite, 30 pozzi, 81 torrenti svuotati. Nel Mugello, a nord–est di Firenze, i ricchi acquiferi del bacino del torrente Carzone, dello Zambra e del Rimaggio sono stati annichiliti in qualche mese. Non si è trattato di sfruttamento aggressivo o catastrofici cambiamenti del clima: l'acqua è sparita per fare spazio al vuoto. Potete comunque immaginarla attraversando la catacomba che l'ha sostituita. È il tunnel per i treni ad alta velocità che collega Firenze con Bologna. Ma dovete fare le vostre osservazioni in fretta: tutto il viaggio dura solo 22 minuti.

Gargano, Puglia (I): il naufragar dolce in questo mare

Andate in una qualsiasi spiaggia di questa meravigliosa costa italiana e tuffatevi. Nuoterete in una sconfinata distesa di acqua inequivocabilmente salata. Ma, benché sia oramai irriconoscibile, una parte di quel liquido era deliziosa acqua dolce sotterranea che è andata perduta. Sono le perdite sottomarine di acqua dolce, particolarmente imbarazzanti in un territorio già arido. Il Gargano perde ogni anno 110 milioni di metri cubi dalla costa. Ma anche il resto della Puglia, la Sicilia e la Sardegna perdono la poca acqua dolce in numerosi punti. Tutto il sud sembra un immenso scolapasta.

Val Lemme, Alessandria (I): come vincere alla morra cinese

Bere l'acqua da una fontanella di Gavi, piccolo paese messo a lato del torrente Lemme, al confine con la Liguria, ha un valore aggiunto. In questa valle si è assistito negli anni passati a uno scontro di diritti. Da un lato una holding dei cementi che voleva scavare una montagna con una concessione mineraria in mano, dall'altra le comunità di Gavi e Carrosio che in tal maniera avrebbero perso le loro sorgenti. Praticamente una morra cinese: sasso contro rete (idrica). Ci sono voluti tre anni e l'intervento della Commissione Europea, ma alla fine il Consiglio di Stato ha ribadito che, tra i vari utilizzi dell'ambiente, l'acqua è prioritaria. Rete vince sasso, lo sanno anche i bambini. In Val Lemme non c'è quindi niente da vedere, nessuno scempio. Questo è il miglior *water trip*.

Postdamer Platz, Berlino (D): un monumento alle piogge

L'antica frontiera tra i due blocchi, ora cuore della capitale tedesca, ospita la più famosa esperienza di raccolta della pioggia per usi non potabili. Ci sono tetti verdi in grado di catturare la pioggia e un delizioso laghetto che in realtà è una grande cisterna in grado di accumulare fino a 4.000 metri cubi di acqua piovana. La pioggia poi viene riciclata – dopo un lento filtraggio con piante in grado di assorbire i contaminanti – negli sciacquoni di lussuosi alberghi berlinesi.

Bagnacavallo, Ravenna (I): un guado verso un nuovo mondo

Questo paese romagnolo è da sempre stato un guado per l'acqua. Il suo nome accenna a cavalcature costrette a inumidirsi attraversando il fiume Senio e qui nacque Stefano "passator cortese" Pilloni, brigante e traghettatore sul Lamone. E a Bagnacavallo nel 2003 è partito il più importante progetto di risparmio idrico nel nostro paese. Centocinquanta famiglie hanno installato dei regolatori di flusso ai loro rubinetti. Hanno risparmiato il 10 per cento dell'acqua in due anni. Costo dei riduttori: 18.000 euro. Costo dell'acqua risparmiata: 65.000 euro (in 5 anni). Risparmiare conviene. Tutte le informazioni si trovano all'ufficio acqua della Regione Emilia Romagna.

Agrigento (I): paradossi filosofici e inventiva

Svettanti colonne, templi abbandonati, vestigia di antiche civiltà vinte dalla storia: Agrigento riesce a far percepire visivamente il divenire ineluttabile del tempo. Soggiornando in città avrete la possibilità di riflettere come la precarietà non sia necessariamente legata al *panta rei*. L'esistenza dei discendenti degli antichi è minacciata dai tubi vuoti. L'acqua è razionata e potrete aspettare anche fino a cinque giorni prima di vederla uscire da un rubinetto. Colpa di un acquedotto fatiscente e azionato *a mano*, del quale da tempo è andata perduta ogni pianta di riferimento, una situazione che deve aver convinto gli amministratori a non riparare la rete, ma a costruire dei dissalatori con qualche milione di euro. Qualcosa comunque non funziona ancora, perché nella città arriva la metà dell'acqua che giunge a tutti gli altri italiani. Ad Agrigento potrete assaporare la straordinaria inventiva che permette all'uomo di sopravvivere anche senza acqua.

Città del Vaticano: il buco nell'acqua

Non sempre le perdite derivano dagli acquedotti forati. Molti buchi apparenti nascondono in realtà acqua che viene prelevata ma che non riesce a essere fatturata. È il caso delle fontane a getto continuo o dei furti abusivi dalla rete. O ancora, è l'acqua regalata per accordi speciali. Il caso più eclatante riguarda il Vaticano, dove circa 5 milioni di metri cubi l'anno di acqua cittadina vengono concessi gratuitamente in virtù del Concordato. Sfortunatamente chi firmò i patti lateranensi nel 1929 non aveva considerato i costi dei depuratori che dagli anni '80 cercano faticosamente di mondare l'acqua in uscita dalla Santa Sede. Ne scaturì un enorme debito con il Gestore del servizio idrico (circa 25 milioni di euro), una polemica e la decisione dello Stato Italiano di accollarsi totalmente i costi di questa piccola enclave: una storia – e un conseguente piccolo dibattito etico – su cui potrete riflettere in una qualsiasi *toilette* dei musei vaticani.

gli arbusti l'acqua arriva da una serie di micro-spruzzatori auto-matici. Per fare crescere la pianta in un clima alieno bisogna simu-lare le intense piogge cinesi. È un sforzo tecnologico meraviglio-so e impressionante. Ed è obbligatorio, perché l'implacabile bio-logia del kiwi fa maturare i frutti tra giugno e agosto, quando l'ac-qua non c'è. Purtroppo, nonostante gli sforzi, ogni ettaro di terra in cui cresce il kiwi in un anno riesce comunque a bere fino a *10.000* metri cubi di acqua.

Visitare un appezzamento di actinidia, vuole dire vedere i pozzi più profondi ed esigenti in cui viene inghiottita l'acqua dei fiumi. Più in generale, però, osservare il ciclo idrico seduti tra i solchi e i filari di un campo agricolo è una prospettiva che può dare la verti-gine a qualsiasi *water tripper*. Qui viene riversata almeno la metà di tutta l'acqua presente in circolazione, con punte eccezionali come nel bacino del Po, in cui i campi si prendono quasi tutto (il 95 per cento dell'acqua dei fiumi e il 47 per cento di quella sotterranea).

Ogni prodotto della terra ha alle spalle quantità enormi di acqua. Dietro un solo chilo di mais, il più numeroso e rappresen-tativo ospite vegetale delle nostre campagne, ci possono essere 500 litri, dietro la stessa quantità di riso si allunga un'ombra liqui-da lunga fino a 5.000 litri e per arrivare a ottenere da una mucca un hamburger fumante su un piatto possono andarsene anche 11.000 litri di acqua. Solo per fare qualche esempio.

Inoltre il ciclo dell'agricoltura ha una caratteristica che lo rende diverso da ogni altro ciclo idrico artificiale: *divora* l'acqua. È un ciclo aperto. Vale a dire che se l'acqua che finisce nelle città, nelle industrie e nelle centrali elettriche viene restituita quasi totalmente ai fiumi (il problema è dove, come e quando), quella che cade nei campi si trasforma in piante che gettano l'acqua in atmosfera (come vapore acqueo) o la inglobano, trasformandola in pannocchie, mele, barbabietole e susine (ossia in quello che chiamiamo comunemente cibo). L'Agenzia europea per l'ambien-te ha provato a quantificare questa differenza. Secondo gli esperti di Bruxelles, mentre il ciclo civile e quello industriale restituiscono in forma liquida l'80 per cento dell'acqua che prelevano, l'agricol-tura ribalta le proporzioni. Consuma l'80 per cento dell'acqua che estrae e ne rilascia solamente il 20. Succhia, insomma, gran parte dell'acqua senza restituirla (e lo fa soprattutto d'estate, quando piove meno, gli acquiferi non riescono a ricaricarsi e magari sui monti le centrali elettriche vogliono la stessa acqua per alimentare i condizionatori cittadini) e quella che rilascia è pessima, arricchita da tutte le sostanze chimiche che permettono il furore botanico e zoologico che impazza nelle nostre campagne.

Ecco perché, anche in questo ciclo idrico, da qualche anno le parole che accompagnano qualsiasi discussione sull'argomento acqua sono due: riuso e risparmio.

Riutilizzare l'acqua sporca è un'ottima idea, ma implica un'alleanza di ferro tra il ciclo dell'acqua in agricoltura e quello civile. Bisogna prendere l'acqua che esce dalle città e indirizzarla verso i terreni coltivati. È comunque una strada rodata in varie parti del pianeta, perché dà enormi vantaggi a tutti: si diminuisce l'inquinamento globale e gli agricoltori vedono arrivare sulle loro zolle più acqua e per di più impreziosita dal nutrimento prodotto nei piastrellati WC cittadini. Certo, ci sono anche degli svantaggi. Le caratteristiche chimiche dell'acqua, per esempio, potrebbero non essere adatte ai terreni (potrebbero, per esempio, depositarsi troppi sali) e c'è l'ovvio rischio che alcuni minuscoli e insidiosi abitanti dei reflui provochino dei disturbi alla salute di chi mangia i frutti dell'agricoltura. Per questo ogni spruzzo d'acqua che zampilla da un depuratore non può finire semplicemente in un campo. Deve essere controllato secondo rigorosi parametri di legge.

Uno dei primi posti a dotarsi di una norma è stata la California – forse lo Stato che più di tutti crede nel riuso dell'acqua – che ha concepito una legge sin dal 1972, un modello che è servito agli esperti dell'Organizzazione Mondiale della Sanità per affinare e definire i parametri che deve possedere un refluo per essere usato. Le ultime raccomandazioni prevedono che i flussi in uscita da un depuratore vengano esaminati e trattati per eliminare ogni parassita e per lasciare una quantità accettabile di batteri coliformi: se ne tollerano fino a 100.000 individui ogni 100 millilitri (o talvolta solo 1.000, a seconda del tipo di coltivazioni e dei trattamenti). In genere basta lasciare un po' di tempo i prodotti all'aria aperta e lavarli, per far sparire queste microscopiche forme di vita, inquilini abituali dell'intestino umano. Anche l'Italia, alla vigilia della peggiore siccità che l'Europa abbia sperimentato negli ultimi anni, ha deciso di introdurre questo rivoluzionario modo di usare l'acqua. Il decreto è stato sfornato nel 2003 e prometteva di portare nuova acqua sui campi. Stranamente però contiene una scelta diversa dalle linee guida internazionali: il massimo numero di coliformi ammessi non è 100.000 e nemmeno 1.000. L'acqua per poter essere usata su ortaggi e colture deve possedere solo 10 sparuti batteri ogni 100 millilitri[1]. L'Italia dunque ha deciso di innaffiare le sue piante con acqua microbiologicamente pura (o quasi) e questa eccezionale prudenza secondo molti esperti ha affossato nel nostro paese ogni idea di riuso dei reflui in agricoltura. Dando un'occhiata alle statistiche non si può dar loro torto. In Italia la quantità di acqua che arriva ai campi e che proviene dalla depurazione delle acque reflue civili è solo dello 0,3 per cento.

Se non si riesce a portare acqua nuova, non rimane che cercare di risparmiare. Sulle riviste specializzate, nelle aule della politica o nelle riunioni tra gli agricoltori non si parla che di questo: come riuscire a mantenere inalterata la macchina alimentare che nutre l'uomo, avendo a disposizione sempre meno acqua. Le idee su come agire non mancano. In campagna per ridurre i consumi si può fare di più che mettere un limitatore di flusso a un rubinetto. Molto di più. Le soluzioni a disposizione, se elencate, potrebbero diventare un manifesto per una nuova rivoluzione verde. Le frequenti emergenze idriche però sono un indizio piuttosto preoccupante. Da qualche parte si annidano dei controrivoluzionari. Dobbiamo approfondire.

Manuale di agricoltura. Il titolo figura su un tomo alto circa 9 centimetri che deve aver fatto rabbrividire intere generazioni di studenti. Dentro è impacchettata la scienza che ha permesso all'*homo sapiens* di fondare intere (e anche un po' ingombranti) civiltà. I manuali di agronomia, bistrattati dai più, sono degli scrigni che contengono un distillato delle migliaia di anni di sudore passate dall'uomo sull'orlo dei fossi a grattarsi la testa per capire come produrre cibo in maniera controllata. I tempi moderni ci fanno sfogliare rapidamente le pagine di chimica, fisiologia vegetale, pedologia, per gettarci avidamente sul capitolo *aridocoltura*, la scienza capace di far crescere le piante anche nelle zone più secche del mondo. Tutte le regole per farcela sono qui. E non sono poche: si può deci-

---

[1] Nell'80 per cento dei campioni. Nel rimanente materiale di analisi è consentito al massimo un picco di 100 individui in 100 ml di acqua.

dere di anticipare le semine per certe colture (facendole così maturare in tempi naturalmente più piovosi) o di lavorare il terreno per renderlo più poroso all'acqua; si possono estirpare le cosiddette erbe infestanti (sfortunate specie spontanee la cui unica colpa è quella di voler bere anche loro acqua e aumentare così i consumi) o, anche, scegliere di coltivare specie di piante meno esigenti in quanto a richieste idriche; all'interno di uno stesso tipo di pianta, poi, si possono piantare varietà che sappiano produrre i loro frutti in primavera, prima che l'acqua scarseggi: anche il classico kiwi, solo per fare l'esempio della pianta più bevitrice, possiede un cugino che riesce a far spuntare i suoi frutti pelosi con 50 giorni di anticipo.

E naturalmente si possono porre freni al consumo anche agendo su tutti quei sistemi che portano i liquidi dai fiumi alle campagne, ovvero sulla rete che ha come fine l'*irrigazione*, uno dei più utili prodotti dell'immaginazione umana, che ci distingue dagli altri animali ancora di più del pollice opponibile. L'irrigazione può avvenire in diversi modi: affidando l'acqua a canali che intersecano i campi come ragnatele (in cui il liquido può infiltrarsi lentamente nel terreno o scorrere sulla sua superficie seguendo la pendenza), inondando temporaneamente il terreno (come nelle sommersioni delle risaie), simulando piogge e piovaschi (modalità tecnicamente detta *irrigazione ad aspersione*, una versione extralarge dell'innaffiamento dei gerani) o usando ingegnosi sistemi per distribuire capillarmente l'acqua in micro-dosi. Tra tutti questi metodi, la microirrigazione è sicuramente il sistema più efficiente. Non a caso pare che l'idea sia balzata in mente proprio in un deserto, il Negev in Israele, dove agli inizi degli anni '30 un ingegnere – Simcha Blass – era rimasto a bocca aperta davanti a un albero gigante cresciuto rigoglioso solo grazie a un rubinetto rotto. Gocciolare l'acqua vicino alle radici in ogni caso riesce a far usare alle piante il 90 per cento della risorsa erogata e se le gocce vengono rilasciate sottoterra, praticamente non esistono perdite. È un risultato inimmaginabile per ogni altro tipo di tecnica irrigua[2].

---

[2] I sistemi a pioggia invece possono raggiungere efficienze anche dell'80 per cento. Gli altri sistemi sono più scarsi: la massima performance misurata dai sistemi di acqua a scorrimento è solo del 50 per cento (che arriva al 60 se l'acqua è fatta infiltrare lateralmente dai canali). La sommersione dei campi di riso è invece la pratica agricola peggiore per chi vive con risorse scarse: solo il 25 per cento dell'acqua raggiunge le piante.

Sembra l'uovo di Colombo. Per risparmiarla, basta usare l'acqua dove e quando serve, senza lasciarla evaporare in poderi allagati o lungo i canali. La rivoluzione di un'agricoltura a basso consumo potrebbe passare di qui. Basta irrigare *on demand*. Facile a dirsi, ma formulare questa fatidica domanda non sembra affatto semplice. Quando ha bisogno di bere *esattamente* una pianta? Per riuscire a definire una risposta precisa i contadini dovrebbero sapere esattamente il volume di acqua consumata dalle piante, capire in quale fase biologica si trovino, quantificare i periodi critici in cui c'è assolutamente bisogno di ogni goccia e quando invece la pianta riesce a vivere anche senza. In più, dovrebbero stimare la percentuale di acqua che torna in atmosfera (un valore che dipende dai capricci meteorologici), quella che si infiltra verso il basso, lontano dalle radici, e quella che invece rimane disponibile, un dato dinamico e terribilmente sfuggente che si può sperare di intuire solo conoscendo composizione e granulometria del suolo. In ogni minuto della stagione, un agricoltore che vuole aprire i rubinetti per irrigare un campo, dovrebbe fare questo tipo di calcoli sofisticati. È uno sforzo inaccessibile per le capacità di chiunque. Servono cervelli superiori che riescano a sapere dove, quando e quanto irrigare. È questo limite che si oppone a un'agricoltura a basso consumo di acqua? No, perché fortunatamente cervelli di questo tipo esistono.

Camminando lungo gli argini di questa asta di acqua grigia lunga 150 chilometri è difficile averne percezione, ma una mente sofisticata sta calcolando quanta acqua prelevare dal Canale Emiliano-Romagnolo (CER), la monumentale opera idraulica d'Italia che alimenta 3.000 chilometri quadrati di terreno, una delle aree più produttive d'Europa. La mente non smette mai di lavorare, ogni giorno e ogni minuto, all'interno di un server. E i suoi consigli sono visibili in Internet.

Questo genio silenzioso si chiama Irrinet. Un nome pratico e conciso, adatto al sistema online messo a punto dal Consorzio CER, l'ente che gestisce il grande canale, per interloquire con il mondo contadino. Il colloquio avviene direttamente all'interno delle aziende dove i migliaia di agricoltori della zona possono afferrare il mouse, piazzare la freccia su uno schermo del computer e interrogare Irrinet come un oracolo che possa profetizzare quanta acqua usare sui campi di patate o sull'appezzamento di erba medica.

Bastano pochi clic e un database, che ha caricato al suo interno il tipo di coltura, l'inizio della semina e il tipo di impianto irriguo a disposizione dell'azienda agricola, riesce a integrare questi dati con quelli meteo (che arrivano dalla locale agenzia dell'ambiente), con i tipi di suoli (un dato conosciuto dai geologi della Regione) e le profondità dell'acqua sotterranea rilevate da più di un centinaio di pozzi sparsi nel territorio. Irrinet riesce a sintetizzare tutto questo in pochi secondi, simulando contemporaneamente la crescita delle radici e della pianta, l'apporto della falda, la pioggia che finisce nel terreno e stimando in ogni momento la quantità di acqua a disposizione. E confida il risultato all'agricoltore, dicendogli esattamente se serve irrigare e, nel caso, quanta acqua usare. È un sistema gratuito a cui accedono circa 13.000 aziende che, secondo il Consorzio CER, ha consentito un risparmio di 50 milioni di metri cubi d'acqua all'anno. Per capire le proporzioni: è il consumo di una città di 700.000 abitanti. Un successo che per i creatori del cervello elettronico è stato ottenuto anche grazie al fatto che Irrinet può sussurrare consigli irrigui tramite telefonino, tramite il bip bip di un sms (non sono i messaggini che fanno battere il cuore degli adolescenti, ma frasi del tipo: "Il pesco deve essere irrigato oggi per 3h e 20 min", una sentenza che comunque deve procurare qualche grado di emozione negli agricoltori). E non è finita. Il cervello di Irrinet è in pieno sviluppo evolutivo. Dal 2009 insieme all'indicazione del momento e del volume di acqua da usare per l'irrigazione il sistema (rinominato per l'occasione Irrinet-*plus*) può fornire a chi lo desidera anche un parere sull'opportunità economica o meno dell'intervento: un piccolo semaforo appare sul computer e traduce in verde, rosso o arancione un complicato modello decisionale che integra prezzi di mercato e costi aziendali.

Cosa chiedere di più? In realtà, se si vuole essere precisi fino a diventare spocchiosi, possiamo fare di più. Irrinet e gli altri sistemi simili, dicono quando e quanto irrigare il campo, ma non riescono a dire *in che punto del campo* è meglio irrigare. Non tengono conto insomma di tutte le minime differenze ed esigenze del suolo, la qual cosa, è inequivocabile, consentirebbe di risparmiare ulteriormente acqua. Al cervello elettronico mancano occhi che possano aguzzare la vista per discriminare a questo livello le caratteristiche di ciò che viene irrigato. Anche questi occhi, però, esistono e sono applicabili ai computer.

Sono sensori che producono immagini a varie gradazioni e sfumature di colori per esprimere qualsiasi aspetto del campo (pH, umidità e altri parametri che interessano chi ha fatto della conoscenza della terra il proprio mestiere). Infilati in cervelli elettronici, questi congegni possono accendere il lume della vista a grandi macchine intelligenti. Sta già accadendo, si chiama agricoltura *sito-specifica*. Sui grandi macchinari agricoli che solcano i campi stanno spuntando camere e sonde che riescono a individuare piccole differenze impercettibili nel terreno. A ogni carenza di concime o ai primi segni di un subdolo parassita, per fare qualche esempio, un impulso apre degli ugelli per innaffiare *ad hoc* fertilizzanti, pesticidi o altre molecole risolutrici mano a mano che le grandi macchine avanzano lungo il campo. E la stessa tecnologia di precisione si può applicare all'acqua. In Spagna e negli Stati Uniti sono stati sperimentati innovativi pivot – costruzioni meccaniche con lunghe braccia grondanti per simulare la pioggia – che possono accumulare ed elaborare informazioni catturate direttamente dal terreno o da mappe scientifiche del campo caricate nella sua memoria o addirittura in diretta dai satelliti in orbita che scansionano il pianeta. Elaborando sapientemente questo mix di informazioni, le macchine riescono a chiudere e ad aprire gli erogatori quando serve, sincronizzando i getti a seconda, per fare un esempio, della percentuale di argilla e sabbia del terreno oppure delle necessità biologiche della pianta. Tutto questo esiste ed è già acquistabile sul mercato. A sentire gli esperti del settore, non ci sono limiti tecnici.

E allora dove sono queste macchine semi-intelligenti e ipertecnologiche che si muovono nelle campagne come grandi mostri giurassici, ma con l'attenzione di camerieri premurosi? Girando per le nostre campagne non se ne trova che qualche raro esemplare. E, in realtà, si nota anche un altro aspetto: anche l'agricoltura informatizzata *à la* Irrinet è piuttosto scarsa.

Invece un tour nei campi d'Italia ci potrebbe fare scoprire una tendenza curiosa. Il reticolo che porta l'acqua dai fiumi alla campagna perde. Possiede una specie di grande buco: un'area enorme che sembra congegnata appositamente per vaporizzare il liquido così prezioso. La falla non è nel sud. Qui l'aridità cronica ha convertito gli agricoltori al risparmio. In otto campi su dieci l'acqua arriva in condotte impermeabili e in oltre la metà degli appezzamenti si allungano gli efficienti tubi neri della microirrigazione. Il problema si annida nel nord, tradizionalmente ricco di acqua, con i suoi scoli, i fossi e i canali, un vasto reticolo azzurro lungo migliaia di chilometri in cui l'acqua scorre a cielo aperto, libera di evaporare soprattutto durante l'estate, quando ci serve di più[3]. Come è possibile che esista ancora questo spreco, che puntualmente manda in secca i fiumi, quando esistono le tecnologie, le pratiche agricole e tutti i marchingegni possibili per usare bene l'acqua? Forse la risposta sta in un errore avvenuto più di 200 anni fa in una piccola cittadina della Scozia. Un errore che non è stato ancora completamente risolto.

L'acqua può essere venduta e comprata? Adam Smith, il filosofo che per primo ha provato a creare una scienza dell'economia, risponde decisamente di no. "Nulla è più utile dell'acqua – scrive nella Scozia del 1776 – ma difficilmente con essa si comprerà qualcosa. Difficilmente se ne può avere qualcosa in cambio". Smith aveva un pallino: cercava di capire in maniera oggettiva quali fossero gli ingredienti che contribuissero a determinare il *valore* delle cose. E l'acqua per lui era un paradosso. La sostanza più utile era completamente priva di qualsiasi interesse commerciale. I diamanti al contrario, ragionava, servono a poco ma con essi si può comprare di tutto (come suggerirà anche Marylin Monroe in un altro tempo e in un altro luogo). Il pensiero di Smith, se accettate una buona dose di semplificazione, era che il prezzo di un qualsiasi oggetto non dipenda dalla sua utilità, ma dalla quantità di lavoro necessaria per ottenerlo. Per questo l'acqua, a disposizione dappertutto, è gratuita. Una generazione dopo, anche David Ricardo, un geniale agente di cambio inglese appassionatosi all'economia in tarda età proprio sui libri di Smith (pare che leggesse i suoi tomi durante le villeggiature al mare), riguardo all'acqua è sulla stessa linea del maestro. E aggiunge, nei suoi *Principi di economia politica*:

---

[3] In Italia il 72 per cento degli ettari seminati è alimentato da questo sistema circolatorio artificiale che dialoga più con l'atmosfera che con la biosfera delle piante. Dall'Emilia in su questa modalità è la regola (94 per cento degli ettari). E nel nord anche l'irrigazione perde acqua: più della metà delle superfici agricole del nord usa i sistemi a minore efficienza (scorrimento e sommersione).

In base ai principi comuni della domanda e dell'offerta nulla può essere dato per l'uso dell'aria e dell'acqua o di qualsiasi altro dono della natura di cui esiste una quantità illimitata.

L'acqua è un bene gratuito, dunque, non solo perché non si fa fatica a ottenerla, ma anche perché, come l'aria, è infinita.

Smith e Ricardo, considerati ora i padri dell'economia classica, con le loro intuizioni hanno fatto riflettere profondamente schiere di pensatori sulle leggi che governano il prezzo dei beni, dalle automobili agli spazi pubblicitari sui giornali. L'esempio dell'acqua però, si scoprì presto, era completamente sbagliato. Avevano scambiato per illimitata una risorsa ciclica. L'acqua, circolando, si rigenera di continuo – è vero – ma è sfruttata anche da una moltitudine di soggetti in competizione e, ogni volta che viene usata, immancabilmente si rovina. Per questo, ottenerne di qualità è un'attività difficile che implica parecchio lavoro, un'affermazione che unisce e mette d'accordo sia un contadino cotto dal sole del Maghreb che un inamidato ingegnere di un acquedotto. Quindi l'acqua non può essere gratuita. Deve avere un costo. Il problema è quale. In Italia chi fa il prezzo sono le Regioni. Non esiste un criterio univoco in tutto il paese. Scartabellando tra le varie concessioni per l'uso dell'acqua, anzi, appare una selva di cifre in cui è difficile fare confronti. Talvolta si pagano i metri cubi, ma anche le superfici su cui l'acqua è usata o, nel caso delle centrali idroelettriche, la potenza energetica prodotta dalle turbine. Il tutto complicato da casi speciali, piani tariffari proporzionali o forfettari. Un intrico di tariffe peggiore di qualsiasi offerta della telefonia mobile (ok, scherzavo: *nulla* è peggio delle tariffe dei cellulari).

Ogni Regione fa inoltre prezzi distinti a seconda dei diversi usi. Ci sono settori più fortunati e altri che lo sono meno. Lo si scopre andando a vedere che cosa accade nelle singole aree. Per esempio, in Lombardia. Questa ricca Regione fa pagare generalmente l'acqua per moduli (100 litri al secondo di liquido prelevato). Nel 2008 chi ha sborsato più soldi è stata l'industria lombarda, a cui un modulo è costato quasi 16.000 euro all'anno. Nel ciclo civile invece la stessa quantità di acqua è stata pagata solo 2.000 euro. Ma è l'agricoltura l'attività a cui l'acqua è venduta a più basso prezzo: chi vuole irrigare paga per ogni modulo al massimo 48 euro e 31 centesimi. Ed esistono tariffe ancora più basse. Si tratta di una situazione generale. In Italia l'agricoltura paga l'acqua sempre molto meno di chiunque altro. Anche negli acquedotti, come è stato appurato dal Comitato per la vigilanza delle risorse idriche, il prezzo dell'acqua nei tubi che finiscono in un'azienda agricola è inferiore a quello che arriva nelle case e nelle industrie.

Banalmente, ciò che ostacola gli agricoltori che desiderano adottare idee e tecnologie per il risparmio è tutto qui. Ancora di più dell'acqua in città, anche nel ciclo agricolo non conviene investire per un bene così a basso prezzo. Ovunque ci si muova per cercare una soluzione, ci si blocca per motivi economici.

Ancora per poco, però. Qualcosa sta cambiando. L'errore di Smith infatti – l'acqua gratuita – è stato risolto solo apparentemente e il prezzo dell'acqua che pagano i concessionari (che poi lo rigirano a loro volta agli utenti finali) è troppo basso. Ma presto aumenterà in tutti i cicli idrici, nei canali di scolo come nei tubi dell'acquedotto. Il lievito per le tariffe è contenuto nella Direttiva quadro sull'acqua (la WFD del 2000, che abbiamo già incontrato) che, nella sezione dedicata all'economia, obbliga tutti gli Stati europei ad adeguare i prezzi dell'acqua per arrivare al suo *costo pieno*. L'ordine è quello di inglobare negli euro finali il costo complessivo dei servizi (gestione, manutenzione, investimenti), ma soprattutto – la vera novità – i costi ambientali, quelli dovuti all'inquinamento e all'impoverimento della risorsa. Ed è quest'ultimo aspetto (esemplificato dallo slogan *chi inquina paga*) che minaccia di cadere come una mannaia su chi è abituato a scaricare il lato oscuro dell'economia sugli altri, come l'industria delle acque minerali (con i suoi camion e la plastica) o l'inquinamento di città e industrie. Sul banco degli accusati però c'è soprattutto l'agricoltura, che irriga le sue piante senza sostenere il costo delle sostanze che percolano nelle falde. Che cosa accadrà? Un grande progetto di ricerca europeo del 2004[4] ha cercato di prevederlo, simulando con modelli economici come avrebbero reagito i campi arati del vecchio continente all'avvento delle nuove leggi. Gli scenari futuri disegnati, da prendere con estrema cautela (anche perché gli incentivi e i disincentivi del mercato agricolo europeo sono in continuo sub-

---

[4] WADI (*Sustainability of European Irrigated Agriculture under Water Framework Directive and Agenda 2000*).

buglio), ipotizzano che il prezzo dell'acqua raddoppi. E fanno collassare l'agricoltura nelle zone in cui l'acqua è scarsa.

Sembra quindi arrivato il tempo delle scelte: il costo reale dell'acqua potrebbe cambiare la faccia dell'economia e del paesaggio. La questione a cui il nostro paese dovrà rispondere nel futuro è se vogliamo continuare a essere agricoli, anche alle nuove condizioni, o se i campi dovranno ridimensionarsi, mutare o, addirittura, migrare verso altri paesi, come campi profughi. Quanto sono disposti a spendere gli italiani per mantenere l'industria che lavora la terra? Per ora manca una risposta precisa e si stanno raccogliendo solo le prime opinioni[5]. Non ci resta che attendere tra i kiwi e il mais, per vedere se i campi svaniranno trascinati dal flusso montante dei prezzi o riusciranno a resistere ancorati a qualche sovvenzione.

Ma – facciamo un respiro – ora è tempo di abbandonare l'agricoltura e il suo futuro e di cambiare prospettiva. Fino ad adesso abbiamo considerato l'acqua come un liquido essenziale per le nostre attività o un solvente in cui diluire i nostri rifiuti. L'acqua però è qualcosa di più di una risorsa. È il sistema che sorregge la vita di una moltitudine di organismi e che modella il pianeta. Dobbiamo andare a visitare un fiume.

---

[5] La domanda è stata girata agli abitanti del bacino del Po, uno degli undici bacini idrografici europei partecipanti ad *AquaMoney*, il progetto con cui Bruxelles vuole valutare i costi ambientali della risorsa acqua per sviluppare le nuove tariffe. Le famiglie interpellate hanno risposto che per salvare l'agricoltura accetterebbero di veder aumentare la loro bolletta dell'acqua di soli 2,96 € al mese. L'indagine ha coinvolto 414 persone con età media di 44,5 anni e reddito tra i 24.000 e i 30.000 € all'anno a famiglia. L'intero progetto europeo si trova sul sito *www.aquamoney.ecologic-events.de*

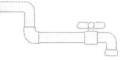

Water trips

Consigli per viaggiare lungo i tubi e i canali irrigui

Più che passeggiare nei sentieri di campagna, per capire esattamente cosa accade all'acqua nei campi bisogna andare all'interno dei Consorzi di bonifica, enti nati per drenare l'acqua dalla terra con pompe e canali e che ora sono diventati i principali concessionari che prendono l'acqua per ridarla in maniera controllata a oltre un milione e mezzo di ettari di terra nel nostro Paese. In questi posti è importante capire sia il prezzo che fanno agli agricoltori, ma anche come vengono studiate le tariffe. Mentre alcuni Consorzi infatti fanno pagare esattamente l'acqua usata, altri invece si limitano a chiedere dei soldi in funzione della superficie dei campi o, non riuscendo a mettere un contatore a un canale, fanno pagare volumi d'acqua puramente teorici. Il 42,5 per cento dei Consorzi ha poi un'altra abitudine: non distribuisce l'acqua quando serve esattamente alle piante, ma secondo un rigido calendario di turni. Immaginatevi a casa vostra se qualcuno vi dicesse che per 10 giorni potete usare l'acqua e poi vi sarà tolta per 10 giorni. Voi cosa fareste? Centellinereste ogni goccia nel periodo dell'acqua libera o vi abbandonereste a effluvi degni di un imperatore romano? Dipenderebbe dal costo dell'acqua. Ecco, temo sia la risposta che si danno anche gli agricoltori.

Lodi (I): cicloitinerari lungo il ciclo dell'acqua

Un piccolo viaggio in bicicletta per capire il destino dell'acqua in Italia. Si parte dal centro didattico "La casa dell'acqua" di Paullo (MI) in cui potete noleggiare una bicicletta per inoltrarvi lungo il canale della Muzza, un corridoio di 40 Km che vi conduce tra i meravigliosi scorci della campagna tra Lodi e Milano. Vedrete, in una scala più piccola di quella italiana, tutti gli usi umani dell'acqua. Dal canale bevono infatti 4 centrali idroelettriche, 2 centrali termoelettriche, un grande stabilimento per l'allevamento delle anguille e poi naturalmente la campagna, con i suoi 3.600 chilometri di canali a cielo aperto che si inoltrano tra il mais, gli ortaggi e la colza.

Francoforte (D): il palazzo che amava la campagna

Nel nord Europa ci sono parecchi esempi di cittadine i cui depuratori sono connessi con la campagna. Ma esistono anche singoli edifici che gettano i loro rifiuti nei campi. È quello che fa l'enorme palazzo di vetro della GTZ, la Società tedesca per la cooperazione tecnica con sede a Eschborn, nell'Assia, dove più di 400 persone tra ospiti e dipendenti ogni giorno vanno nelle raffinate toilette di questo edificio governativo (dove c'è anche un grande ristorante) e si trovano davanti WC speciali che inghiottono i loro rifiuti solidi e orinatoi che rapiscono i loro reflui azotati per infilarli in un serbatoio da 10 metri cubi. Il palazzo poi evacua i suoi prodotti su dei campi agricoli, sotto lo sguardo attento degli scienziati.

Catania (I): una palude prima dell'agricoltura

San Michele della Ganzaria, un minuscolo paese dell'entroterra catanese, ha bisogno di acqua. Ogni giorno dal suo depuratore sgorgano 1.200 metri cubi di rifiuti liquidi. Nel 2001 è partito un progetto sperimentale per dirottare questo flusso in una piccola palude, popolata con piante acquatiche. La zona umida è artificiale ed è stata creata dagli ingegneri dell'Università di Catania per abbattere i solidi sospesi e i microrganismi nocivi. Fino a ora è riuscita a eliminare l'86 per cento dei primi e il 99 per cento dei secondi. L'acqua rimasta viene usata per microirrigare dei campi sperimentali di ortaggi.

Pordenone (I): mai dire mais

Se volete trovare il simbolo delle nevrotiche incomprensioni tra mercato e realtà, dovete andare a cercare una pannocchia gialla nella campagna a nord di Pordenone. Siamo nei magredi: lembi di terra spazzati dalla pioggia e apparentemente in salvo da qualsiasi crisi idrica, ma in realtà aridi e sassosi per via di un suolo terribilmente permeabile. Qui ogni acqua sparisce nella terra. Persino i torrenti che arrivano dalle montagne vengono inglobati per sempre dal suolo. E qui qualcuno però riesce anche a coltivare il mais, una delle piante che desidera più intensamente l'acqua, le cui radici cercano disperatamente di catturare ogni goccia prima che scompaia nel sottosuolo.

Foggia (I): un bancomat nei campi

È un vero peccato che sia difficile praticare un *farmerwatching* nei campi dell'antica Daunia. Si scoprirebbe che nei punti in cui viene consegnata l'acqua, alcuni agricoltori sono soliti accapigliarsi furiosamente per decidere chi ha irrigato di più e chi di meno. In alcune zone, però, questo non accade. Merito di una tessera azzurra nelle tasche dei contadini: una specie di bancomat che misura esattamente i consumi personali. Gli sportelli "Acquacard" sono sparsi dappertutto nella campagna foggiana e permettono di prelevare acqua *on demand*. Tutte le informazioni le trovate al Consorzio per la bonifica della Capitanata, nel centro di Foggia, in cui purtroppo vi spiegheranno che le tariffe usate nel foggiano sono ancora legate alla superficie irrigata.

Salerno (I): una dea nello spazio

Sopra le campagne arse di Salerno il cielo guarda verso il basso per decidere quando far piovere. Lo sguardo non è quello benevolo di Demetra, la dea romana che faceva crescere le messi, bensì quello tecnologico di Demeter (*Demonstration of Earth observation tecnhologies in routine irrigation advisory service*), un sistema che integra dati satellitari di temperatura con quelli meteorologici e che li fa frullare secondo le regole di complicati modelli matematici. Succede sulla destra del fiume Sele, uno dei più grandi corsi d'acqua del Sud Italia, dove gli agricoltori del locale Consorzio di bonifica si vedono recapitare i consigli irrigui sul telefonino direttamente dallo spazio.

Da Bari a Udine: il tour della precisione

Un viaggio per tutti gli ammiratori delle tecnologie dell'agricoltura d'avanguardia inizia a Bari, alla sede del CRA, il Consiglio per la Ricerca e la sperimentazione in Agricoltura, che qui ha concentrato gli scienziati che si occupano delle coltivazioni negli ambienti caldi e aridi e che stanno studiando teoricamente come sviluppare l'irrigazione sito-specifica (CRA–SCA, parlare con Annamaria Castrignanò). Più a nord, nel campus universitario di Legnaro, nei pressi di Padova, troverete addirittura un centro totalmente dedicato all'agricoltura precisa (il suo nome è CIRAP). In una vigna di Prepotto (Udine), invece, si trova il primo progetto italiano in cui nel 2009 è stato studiato il terreno per conoscerne le necessità, punto per punto, di acqua. Lo ha curato Gilberto Bragato, uno scienziato del suolo del CRA–RPS (relazioni pianta-suolo), che spera di riuscire esattamente a capire quante gocce d'acqua usare.

I fiumi robot

Devo essere considerato io il solo criminale,
quando l'umanità intera ha peccato contro di me?
Il mostro di Frankenstein, dopo una serie di omicidi

Mark Twain, lo scrittore che per anni ha scrutato l'acqua dai ponti dei battelli a vapore che sui fiumi attraversano le praterie americane, aveva una convinzione: un fiume è un meraviglioso libro, un volume avvincente ed entusiasmante che si racconta senza riserve.

Per tutte le sue lunghe dodicimila miglia non c'era mai una pagina priva di interesse – scrive in *Vita sul Mississippi* – mai una pagina che non si volesse leggere senza avvertirne la perdita, mai una pagina che si desiderasse saltare.

E non si tratta di un libro da leggere una volta e poi mettere da parte. Ogni giorno l'acqua ha una storia nuova da raccontare.

In effetti, il fiume è un qualcosa di mutevole e mutante. Pulsa nel tempo, affievolendosi o ingigantendosi secondo un ritmo che ha fatto ballare molte civiltà, come la Mesopotamia o l'antico Egitto cresciuto grazie alle inondazioni periodiche del Nilo. Il fiume cambia anche nello spazio: sgorga turbolento dalle montagne e arriva alla foce placido, rilassato e arricchito di sostanze, una specie di metafora liquida della vita che tutti vorremmo vivere. E se prendiamo un qualsiasi punto nella valle, vedremo che anche lì continua a trasformarsi. L'acqua di superficie, più veloce e violenta, lavora ai fianchi continuamente le sponde, erodendole, mentre le acque più lente e profonde depositano sul fondo argille, sabbie e altri materiali fini. Basta un'irregolarità del suolo e questo fitto lavorio contemporaneo di scavo e deposito produce come risultato un nastro d'acqua curvo: il fiume si muove nel tempo ondeggiando sulle pianure alluvionali, come un serpente fatto di anse e meandri. E c'è di più. Il fiume è soprattutto un luogo abitato. Un'infinità di animali e piante si è adattata ai suoi mutamenti. Nell'acqua, tra le rocce del letto, lungo le rive, tra i cumuli di sabbia di deposito o nelle paludi che lo costellano si stende un mosaico di habitat che ospitano flora e fauna speciali, più la comunità invisibile dei batteri il cui compito è quello di pulire l'acqua, mineralizzare ciò che resta di piante e animali e affidare il risultato del loro lavoro all'acqua che alimenta la vita più a valle. A chi lo sa leggere, ogni fiume concede una vasta gamma di racconti di questo tipo. Da quando gli esseri umani hanno allungato le mani sull'acqua però, il *plot* del racconto si è arricchito degli ingredienti che rendono eccezionale questa specie di animali: paura, violenza, miopia e volontà di potenza. Tutta l'idrosfera di acqua dolce non è che un'immensa biblioteca fluida che ingloba tali romanzi umani. Uno degli esempi più indicativi di questa collana di libri si trova incastonato nel cuore dell'Italia.

Spruzzi, spruzzi e ancora spruzzi. La Cascata delle Marmore è in grado di trasformare chiunque in una creatura umida come un anfibio. Non è certo un deterrente: da secoli frotte di viaggiatori si inoltrano nelle terre umbre per venire ad ammirarla. Tra di essi, anche il poeta George Byron, che nei suoi vortici, nelle sue nebbie e nei suoi arcobaleni leggeva i simboli di una natura romantica. Ma la grande massa di acqua che precipita da un'altezza di 165 metri, ligia alle leggi di Newton, non è per nulla naturale. È un artefatto creato per drenare l'acqua di un bacino e gettarla in un altro, un *escamotage* per liberare spazio per nuovi campi. La cascata è il risultato di un monumentale progetto alimentare vecchio di 2.000 anni. Che però non ha avuto il successo sperato. Come spesso accade, infatti, c'è stato un effetto collaterale non previsto: l'unione di due bacini idrografici ha collegato anche le due comunità umane della zona. Scatenando così un conflitto secolare.

Terni e Rieti, infatti, all'epoca della Roma del terzo secolo avanti Cristo, non potevano essere più diverse. Le due città distano solo qualche decina di chilometri, ma Terni era stata costruita in una stretta valle, mentre Rieti più in alto, sull'altopiano. Inoltre, attorno alla prima, alimentata dalle acque del fiume Nera, crescevano messi rigogliose, mentre la seconda, bagnata dal Velino, era circondata da paludi mefitiche. La scenografia era pronta per la messa in scena del dramma. Rieti, piazzata in alto sul suo pantano, guardava in basso e sognava di essere come la fertile Terni. A ben vedere, il destino delle due comunità era stato deciso proprio dalla natura dei due fiumi. Il Nera, uno dei maggiori affluenti del Tevere, è particolarmente erosivo – a ciò deve la sua forma la stretta Valnerina – mentre la natura incrostante del fiume Velino aveva prodotto una diga naturale, una grande rupe che faceva stagnare l'acqua nell'altopiano reatino[1]. Nelle aule senatoriali di Roma aveva cominciato a prendere forma un'idea: drenare l'acqua di Rieti per buttarla giù dalla rupe. Ossia nel Nera. Praticamente, su Terni.

Il compito ricadde su Manlio Curio Dentato – difficile capire come suonasse questo nome nel terzo secolo a.C. – un anziano console di Roma che dopo svariate vittorie militari era riuscito a ottenere un certo successo anche nel campo dell'idraulica (aveva intubato le acque del fiume Aniene creando il secondo acquedotto romano). Dentato fece ciò che poteva: un canale che convogliasse il Velino sul ciglio della rupe. Morì l'anno dopo, senza poter apprezzare gli effetti della sua opera. Il suo corso d'acqua artificiale, il Canale Curiano, non funzionava. Quando pioveva troppo, la pianura di Rieti continuava a impaludarsi. E ancor peggio, quando i fiumi erano in piena una quantità di acqua mai sperimentata prima allagava Terni e spesso concentrava un'enorme onda d'acqua che arrivava fino nelle strade di Roma.

Un disastro scaricato, come spesso accade, sulle generazioni successive. Durante i duemila anni seguenti l'area divenne instabile idrologicamente e politicamente. Numerosi esperti e ingegneri furono chiamati a scavare nuovi canali e a erigere opere di difesa e argini sempre più alti. E non si risparmiavano i conflitti. Per tutto il medioevo le cronache riportano episodi in cui spedizioni armate ternane dal basso cercavano di ostruire l'afflusso di acqua. E sull'altro fronte si eseguivano *blitz* reatini con lo scopo di allargare furtivamente il canale. Le operazioni militari spesso fini-

---

[1] Per poter apprezzare la ricchezza in calcare del Velino mettetevi con l'automobile vicino alla cascata: dopo qualche secondo le goccioline depositano sul parabrezza un sottile strato biancastro. A pochi chilometri della cascata troverete un comodo distributore di benzina provvisto di spugna e acqua meno dura.

vano con morti lasciati sulla strada (anche celebri: alcuni sospettano che il famoso architetto rinascimentale Antonio da Sangallo il Giovane, chiamato a realizzare un nuovo emissario, possa essere stato avvelenato da mani ternane nel 1546). Il problema fu risolto *un po'* di tempo dopo. L'ultima opera idraulica, che diede alla cascata la forma che si può vedere oggi, fu realizzata alla fine del diciottesimo secolo, 2.057 anni dopo la morte del console Dentato. L'odissea comunque non era finita. L'acqua era pronta per essere vista da un'altra prospettiva: non solo palude malsana, linfa per l'agricoltura o mostro mortale. Nel 1800 si scoprì che l'acqua, tramite turbine e trasformatori, poteva lanciare elettroni a grande velocità lungo cavi metallici. Nel 1800, quando si vedeva un fiume, si pensava all'energia.

La prima centrale idroelettrica del mondo fu realizzata da Thomas Edison a New York nel 1882, ma già solo 4 anni dopo venne firmato in Italia il primo progetto di illuminazione pubblica derivata dall'energia di un fiume. Nel 1905 l'Italia era al primo posto in Europa per il consumo di energia idroelettrica. Nel 1937, praticamente tutta l'elettricità che correva nei cavi del nostro paese derivava dai fiumi, soprattutto quelli alpini.

L'elettrificazione dava impulso all'economia: grazie ai cavi, riusciva ad allontanare le industrie dalle valli montane e dai loro corsi d'acqua, mentre l'uso delle pompe elettriche permetteva di succhiare l'acqua dalle zone umide di pianura, dove tendeva a ristagnare. In qualche maniera, si può dire che l'acqua dei torrenti di montagna serviva a eliminare quella di pianura. E questo processo dava spazio ai campi e alle industrie.

I fiumi divennero sinonimo di potenza. Wiston Churchill, durante un viaggio in Africa nel 1908, dopo aver fissato le Owen Falls, le enormi cascate con cui il secondo lago per grandezza al mondo, il lago Vittoria, precipita nel Nilo, si scoprì colmo di rammarico per

una simile leva per controllare le forze naturali dell'Africa che nessuno impugna [...] E che spasso far sì che l'eterno Nilo inizi il suo viaggio tuffandosi in una turbina[2].

---

[2] Si dovette aspettare il 1954 affinché Churchill vedesse realizzato il suo personale spasso.

In Italia, nessuna città più di Terni poteva incarnare questa idea di potenza da impugnare. Alla fine del diciannovesimo secolo l'intera vallata era stata consacrata all'industria pesante e alla produzione di armi della nascente nazione. Grazie a deviazioni di acqua e nuovi canali lunghi anche più di 40 chilometri, Terni riusciva ad avere una potenza sufficiente per accendere le sue lampadine, per far funzionare macchine industriali e per far uscire dalla Valnerina armi, cannoni, corazze e altri prodotti in perfetto acciaio inossidabile. Alla fine degli anni '30 – anni di regime, marcette, esibizioni di muscoli e passioni militari – l'intera portata del Velino e ampie porzioni del Nera erano ormai state captate, intubate e utilizzate per raffreddare le acciaierie e azionare le turbine elettriche. Era nato il più grande bacino idroelettrico d'Europa. Naturalmente a farne le spese fu proprio la cascata, svanita in questo gioco di prestigio dello sviluppo industriale. Il sistema artificiale di drenaggio romano era sostituito con un dedalo metallico di condotte sotterranee per l'industria e la produzione di energia. La cascata rombava in silenzio solo sulle carte intestate come logo di "Terni Società per l'Industria e l'Elettricità".

Dal 1954 però riappare. Le era stato affidato un ulteriore compito: far rivivere tutta l'eccitazione di Lord Byron ai turisti (oltre a, oggi, far loro comprare chili di souvenir o convincerli a camminare in una fantapasseggiata con lo *gnefro*, un impressionante signore vestito da folletto della cascata). Tutto questo è stato possibile con un artificio. Sul fiume Velino, a monte della rupe, una diga mobile con grandi paratoie e lunghe cinghie metalliche è in grado di attivare l'acqua come un telecomando. Tutto secondo programma: la Grande Cascata va in onda ogni giorno dalle 12 alle 13 e dalle 16 alle 17 (sabato e domenica dalle 10 alle 13 e dalle 15 alle 22).

Il Velino e il Nera non sono che due piccoli fiumi, ma la loro storia rispecchia quella della maggior parte dei corsi d'acqua del pianeta. Incanalati, catturati, interrotti – l'Italia è il secondo paese europeo per numero di dighe, dopo la Spagna – manipolati in tutte le maniere conosciute per portare acqua dove si vuole e quando si vuole.

I primi a farne le spese sono gli abitanti del fiume che non trovano più i loro habitat: solo tra i pesci abbiamo già relegato alle favole dei nonni lo storione e il beluga. E altre 24 specie indigene sono a rischio estinzione. Sono perdite involontarie del grande progetto millenario con cui stiamo cercando di trasformare i fiumi (e i loro parenti lenti, i laghi) in creature al nostro servizio e comando. Praticamente, in dei robot. Vogliamo che portino via i nostri rifiuti, che muovano le macchine, che offrano pesci, che producano elettricità, che irrighino i campi. Ma i rifiuti tornano nei bicchieri, i pesci si estinguono, gli alvei si svuotano. I robot si ribellano. Certe volte poi, uccidono.

La storia d'Italia è zeppa di alluvioni. Nonostante siano state costruite opere ingegnose per la difesa dall'acqua quando cresce minacciosa, le città sono state investite a più riprese dalle onde di piena. Praticamente ogni città di fiume possiede da qualche parte una targa con una tacca di misura delle piene eccezionali, *memento mori* idrologico per le generazioni future. Nel secolo scorso le cronache riportano diversi eventi di questo tipo: il Po è uscito dagli argini nel 1951 (provocando un centinaio di morti e 180.000 sfollati solo nel Polesine), vari fiumi hanno esondato nel 1966 (colpendo Firenze, Siena, Venezia, Trento e altre città) e nel 1994 è tornato a fare paura il Po, nel cui bacino le tracimazioni più devastanti furono quelle del Tanaro, del Covetta e del Bovina, da cui uscì una quantità d'acqua tale da sommergere quattro province del Piemonte, uccidendo quasi 100 persone e costringendone migliaia ad abbandonare la propria casa.

I fiumi dispensano anche morte e distruzione. Il progetto umano è sempre lo stesso: ammansirli, trasformandoli in servizievoli sistemi idraulici artificiali. Nei secoli gli ingegneri hanno messo a punto un vero e proprio kit di soluzioni: argini imponenti per difendere campi e centri abitati; scolmatori, serbatoi e casse di espansione laterali per riuscire a far sfogare l'acqua in zone innocue; briglie di consolidamento e altre opere per rendere stabile l'alveo e le sponde, tagli decisi e raddrizzamenti dei meandri per riuscire ad allontanare le piene di modo che il pericolo possa scorrere lontano. Il perfetto fiume-robot, secondo i manuali di ingegneria idraulica, è quello contenuto in una gabbia di cemento e muratura, che possa fermare l'acqua quando serve, portandola nelle case, nei campi, nelle industrie e nelle centrali idroelettriche, ma che, nel momento in cui essa si ingigantisce, dritto come una freccia riesca subito a svuotarla nel mare. Il fiume-robot non ondeggia più coi suoi meandri mobili. È praticamente un tubo.

Qualcosa nel progetto però pare non aver funzionato. La cosa è apparsa nella sua chiarezza non appena alcuni scienziati del

CNR – un team noto come Gruppo nazionale per la difesa dalle catastrofi idrogeologiche – ha reso pubblica la banca dati degli eventi alluvionali degli ultimi anni. L'acqua non è uscita solo a Torino, Rovigo, Roma o Firenze. In Italia, tra il 1918 e il 1994, i fiumi hanno tracimato in più di 15.000 località, per un totale di oltre 28.000 alluvioni. Più di un migliaio ogni anno. Qualcosa pare *decisamente* non aver funzionato. Evidentemente nei fiumi arriva più acqua di quanta ne abbia concepita l'immaginazione (saldamente ancorata a dei calcoli statistici) di qualsiasi costruttore di argini.

Certo, lo abbiamo visto, la pioggia sta mutando la sua natura. Dal cielo l'acqua cade in maniera più concentrata e violenta. Anche il luogo in cui cade però, è cambiato. L'acqua potrebbe essere rallentata dal territorio, ma non succede. Sotto i colpi della bonifica, nelle pianure alluvionali sono sparite le zone in cui l'acqua poteva accumularsi: le paludi e gli acquitrini. Ma sono soprattutto i versanti delle montagne a non riuscire più a trattenere la pioggia (uno stato così comune che ha convinto i telegiornali nazionali a sdoganare un termine tecnico come *dissesto idrogeologico*). Cos'è successo? Dalla parte alta dei bacini sono spariti ettari di foreste per lasciare spazio a campi, pascoli, edifici, strade o piste da sci, tutte attività che qualcuno ha ritenuto senza dubbio necessarie e urgenti, ma che hanno anche dato il via libera all'acqua per precipitare verso valle. Un bosco, infatti, oltre a stabilizzare il terreno con le radici delle piante, è in grado di trattenere da 3.000 a 5.000 metri cubi di acqua per ettaro; senza di esso, si è calcolato, il deflusso sui pendii può aumentare fino all'80 per cento. Il risultato è che la pioggia arriva immediatamente al fiume, portandosi dietro talvolta qualche frana, e rischiando di farlo tracimare. Non si sta parlando di qualche lembo marginale e sperduto dell'Italia. Secondo l'ultimo report del Ministero dell'Ambiente il pericolo riguarda il 70 per cento dei comuni del nostro paese. Il dato nasconde un altro fatto: l'aver stretto i fiumi tra gli argini ha convinto la gente ad allargarsi di un po'. Accanto ai fiumi-robot, dove prima i corsi d'acqua esondavano naturalmente, sono nate, legalmente o meno, strade, ferrovie, tralicci, industrie, centri commerciali, villette, impianti sportivi, capannoni industriali, villaggi e intere città. Pochi se ne rendono conto, ma il lungofiume su cui si fanno le passeggiatine con il gelato in mano, altro non è che, topologicamente parlando, una zona di esondazione dove fino a qualche anno prima il fiume sfogava le sue furie. A quanto pare, poi, le opere che dovevano difenderci dalle inondazioni, contribuiscono a provocarle. Raddrizzare un fiume infatti, impedendogli di ondeggiare per le pianure, significa aumentarne la velocità e la capacità erosiva, significa, idrologicamente parlando, ringiovanirlo, ossia farlo tornare ad assomigliare all'esuberante torrente di montagna che era. Le punte di piena, dunque, possono essere più veloci e più violente. In Germania, per esempio, il Reno, un vecchio e lunghissimo fiume fangoso che vagava tra acquitrini e foreste allagate, facendo apparire sempre nuove curve e canali e formando migliaia di isolotti fitti di vegetazione, nel 1800 fu trasformato in un canale per portare merci dalla Svizzera fino al porto di Rotterdam. Il ruolo del Geometra spettò a Johann Gottfried Tulla, un ingegnere militare in mostrine e favoriti, che raddrizzandolo, accorciò il tratto superiore del Reno di circa 100 km. Sparirono le isole e le paludi e arrivarono i campi, le industrie e le centrali idroelettriche[3]. Le imbarcazioni navigavano un terzo più velocemente di prima. Naturalmente, anche le piene. L'acqua che carica il Reno nelle Alpi svizzere, dopo la rettificazione di Tulla, ci mette la metà del tempo ad arrivare a Karlsruhe. Il picco di piena, è stato calcolato, è più alto di un terzo.

Il fatto peggiore però è che, quando l'onda anomala corre verso valle aumentando a ogni passo i suoi volumi, non siamo in grado di dire esattamente che cosa accadrà. Un fiume ingegnerizzato dovrebbe essere progettato lungo tutto il suo bacino idrografico per garantire un deflusso efficiente. Così però non è successo. Anche in Italia, la maggior parte delle opere idrauliche è stata costruita prima dell'era della Pianificazione di Bacino, un'era che la legge europea fa scattare ufficialmente nel dicembre 2009 e che noi, nonostante le nostre norme abbiano giocato d'anticipo rispetto a Bruxelles, non siamo riusciti mai a inaugurare veramente. Vale a dire: in molti luoghi la tradizione è stata quella di guardare unicamente alla propria fetta di fiume. Le opere costruite – con competenza e abilità per allontanare velocemente l'acqua – non si sono preoccupate di quanto avveniva

---

[3] Non avvenne immediatamente. Nonostante le paludi tedesche stessero contraendosi, una zanzara nata in qualche acquitrino trovò la forza di pungere Tulla che morì di malaria nel 1828.

a valle, magari solo per capire se vi fossero luoghi dove l'acqua potesse concentrarsi. Quelle strettoie però esistono. E, naturalmente, ci vivono delle persone.

Uno dei momenti più drammatici in cui ci si è accorti di ciò è stato nella campagne attorno a Mantova, nell'ottobre del 2000. La pioggia spessa caduta sul nord ovest del paese, aveva già fatto esondare la Dora Baltea e rotto in più punti gli argini del Po dalle parti di Torino. Era la Piena del Millennio, un termine apocalittico e piuttosto efficace, anche se a essere onesti il millennio era cominciato solo da qualche mese. Ma la situazione era ugualmente grave. Il Po, solamente sei anni dopo la precedente alluvione (un evento che secondo i canoni idrologici dovrebbe presentarsi a intervalli perlomeno ventennali), era tornato a infuriarsi con una piena eccezionale e spaventosa[4]. A Piacenza l'acqua era arrivata a 10 metri e mezzo sopra lo zero idrometrico (il primato precedente era di 10,25 metri, un record realizzato nel 1951). Il 19 ottobre del 2000 gli strumenti quantificavano il terrore che aleggiava a valle: la portata aveva superato ormai i 13.000 metri cubi al secondo. L'onda di piena si dirigeva a tutta velocità verso Ostiglia e Revere, due piccole cittadine costruite proprio sulla riva del Grande Fiume. Le autorità si guardarono negli occhi. L'acqua non sarebbe passata dalla strettoia. Poco più a valle c'era però San Benedetto Po, un piccolo paese adagiato sulla pianura, stretto attorno alla sua grande basilica e al suo simbolo civico, uno stemma in cui due mani si stringono fiduciose sopra l'acqua di un fiume placido e tranquillo. Fu deciso di fare esplodere l'argine lì, per fare sfogare il fiume dove c'era minore densità di gente. Quando crollò, 30 milioni di metri cubi d'acqua inondarono improvvisamente la zona. Ostiglia e Revere furono salve. A San Benedetto Po vennero evacuate 256 persone.

L'argine squarciato del Po è forse il simbolo migliore di quanto si discute in questi anni nel mondo dell'idrologia: ridare ai fiumi il loro spazio naturale. La parola usata è piuttosto tecnica – riqualificazione fluviale – ma esprime l'idea di ritrasformare gli ambienti di fiume in luoghi in cui le piene possano sfogarsi, ricaricando naturalmente le falde, e i corsi d'acqua oscillare liberi nella valle senza la gabbia rigi-

[4] L'alluvione del 2000 arrivò quando non erano ancora stati impiegati i 4.300 miliardi di lire per riparare i danni del 1994: un esempio di come l'acqua possa scorrere più velocemente di qualsiasi decisione umana.

da degli argini. Questo vuol dire ricostruire faticosamente le geometrie curve dei meandri e delle golene e, contemporaneamente, anche aiutare il ritorno degli ambienti naturali, installando nuovi stagni e zone umide ai lati dei corsi d'acqua e favorendo il ripopolamento di alberi e arbusti.

Un proposito ottimo e venato di sfumato romanticismo, ma sicuramente non un'operazione semplice: milioni di persone oramai vivono, prolificano e accendono mutui di case proprio nelle pianure alluvionali a ridosso dei fiumi. Questo, bisogna dargliene merito, non ha spaventato chi a Bruxelles ha congegnato la nuova direttiva quadro sull'acqua. La WFD annovera tra i suoi scopi anche la ricostruzione degli ambienti *nel* fiume e *lungo* il fiume. Senza fasciarsi troppo la testa (ogni Stato deve produrre un elenco dei corsi d'acqua irrecuperabili), l'Unione Europea ha quindi annunciato a tutte le capitali del vecchio continente che i loro fiumi dovranno tornare obbligatoriamente a un "buono stato ecologico" entro la fine del 2015.

Questo ha creato qualche scompiglio e sudori freddi negli uffici delle agenzie dell'ambiente e delle Autorità di bacino. La scadenza è piuttosto precisa. I finanziamenti lo sono meno. Ma soprattutto, è la definizione a essere piuttosto ambigua. Cosa vuol dire esattamente stare bene per un fiume? A molti sembrerà strano, ma è difficilissimo rispondere. Frotte di scienziati da anni dibattono su quali parametri osservare per diagnosticare lo stato di salute di un ecosistema fluviale. C'è chi ha cercato di mettere in relazione la portata dell'acqua con la vitalità di alcune specie di pesci (ma quali preferire?) e chi ha congegnato complicati indici che integrano variabili chimiche, fisiche e biologiche. Tutto sta nel decidere cosa è più importante e cosa meno. I metodi si contano a decine. In Italia per esempio si usa confrontare il LIM, ossia il livello di inquinamento espresso dalle misure

---

[5] Si tratta di sanguisughe, crostacei e larve di insetti che si annidano tra i sassi e nella melma, la cui ricchezza sta alla base del cosiddetto "indice biotico esteso". L'IBE, pur essendo stato pensato in Scozia, ha avuto un grande successo nel nostro paese, una tradizione che ha convinto negli ultimi 30 anni gli scienziati italiani a immergersi nei fiumi con retino e stivali di gomma inguinali. L'allarme rosso scatta quando c'è povertà di questi animali o anche quando sono nel posto sbagliato (per esempio, una larva di libellula nel greto di un torrente, fa sobbalzare un biologo quanto per chiunque di noi vedere una *pin-up* danzante balzare sul palco durante il monologo dell'Amleto). Lo stato ecologico del fiume è poi determinato dal peggiore risultato tra quello del LIM e dell'IBE. Il giudizio di qualità viene poi peggiorato ulteriormente se nell'acqua sono presenti molecole tossiche.

dell'ossigeno disciolto, dell'azoto, del fosforo e della quantità di batteri fecali (parametri che i tecnici chiamano *macrodescrittori*) con lo studio di alcuni, inconsapevoli, abitanti del fiume[5]. Il Centro italiano per la riqualificazione fluviale, un'associazione di esperti che ha sede a Mestre, lamenta però che tutti badano al contenuto dell'acqua (chimico o biologico) e in pochi al contenitore: bisogna invece valutare anche la forma del fiume. A tutt'oggi, nonostante la scadenza ufficiale fosse il 2006, non ci sono ancora standard europei condivisi e ogni Paese sta cercando, in alcuni casi disperatamente, di arrivare all'appuntamento del 2015 con un sistema omogeneo per leggere lo stato di salute di un fiume e per esprimerlo nello stesso linguaggio degli altri (o perlomeno per inventare un dizionario di traduzione adeguato).

Anche nell'incertezza però, ho voluto cercare un "buon fiume", chiedendo a ogni esperto incontrato, in ogni ufficio, in ogni laboratorio, se ce ne fosse uno. Mi rendo conto ora di essere stato un po' insistente. Ma scovarlo è una necessità per ogni buon *water tripper* perché, osservandolo, possiamo riuscire a immaginare cosa ci aspetta e capire se veramente l'Europa riuscirà a fare arretrare l'uomo per lasciare spazio a canneti, marcite e boschi inondati. Lì vorrei concludere il nostro viaggio. Ma dove andare? In Europa ci sono alcuni casi conclamati di fiumi-robot, o tratti di essi, in fase di riprogrammazione. Il WWF in Austria per esempio ha reso possibile il ritorno alla natura del Lech con un investimento di quasi otto milioni di euro, 53 azioni specifiche su un'area di più di 40 chilometri quadrati. Lungo questo affluente del Danubio, che corre per più di 250 chilometri, sono state demolite le grandi strutture rigide, gli argini artificiali e gli sbarramenti e sono stati ripristinati gli habitat naturali. Lungo il Lech stanno tornando piante, mammiferi, uccelli, rane e rospi. La stessa sorte è toccata anche al Reno, dove i picconi stanno ridando sinuosità al fiume abbattendo il sogno dell'ingegner Tulla. E anche alla Loira, probabilmente l'esperienza più significativa di questo tipo in Europa, e alla Drava[6].

---

[6] Potete visitare la Drava in bicicletta. La *Drauradweg* parte in Italia, alla stazione di Dobbiaco nei pressi della fonte del fiume, e segue la Drava per 366 km fino a Maribor, in Slovenia. Nei 70 km che vanno dal confine del Tirolo fino a Spittal, in Carinzia, è possibile ammirare il fiume in tutta la sua natura.

L'aspetto meno conosciuto, e a mio avviso più straordinario, è che il modello di tutti questi fiumi si trova in Italia. È il Tagliamento, un corso d'acqua che nasce nelle Alpi, attraversa il Friuli e si getta nel mare sopra Venezia. Circondato dalle montagne, questo fiume possiede un alveo grandioso (largo fino a due chilometri) e sulle sue ampie distese di ghiaia l'acqua forma una fitta rete di canali oscillante nel tempo e nelle portate: un intrico di fili argentei e fluttuanti che generano e distruggono continuamente isole di ghiaia e laghetti naturali. Il paesaggio invita ad abbandonarsi sulla riva con un filo di erba in bocca (e una fidanzata), ma in realtà il Tagliamento è molto di più che una suggestiva cartolina della Carnia. È una specie di *Idea Platonica di Fiume*, con il vantaggio, non indifferente, di essere reale. Nonostante gli intensi usi umani, il tratto alto e quello medio di questo fiume – verso valle infatti anche lui è irrigidito dalle opere idrauliche – riescono a essere così vicini all'idea di ecosistema selvaggio che su di esso sono puntati gli occhi di ecologi, studiosi del paesaggio e ingegneri fluviali d'Europa. Una torma di scienziati è impegnata a leggere le dinamiche del suo greto e le evoluzioni delle sue sponde per cogliere i processi geomorfologici, lo sviluppo della vegetazione, l'evoluzione della biodiversità e le complesse alchimie microbiche che consentono a un fiume di autoripulirsi. In breve, per capire nel dettaglio come funziona un ecosistema fluviale e per svelarne gli aspetti più sconosciuti. Un esempio: l'Istituto svizzero di scienza e tecnologia dell'acqua ha studiato il Tagliamento soprattutto come modello per la vita ottimale degli anfibi, un tipo di animali a rischio e che in queste zone è solito deporre le proprie uova molli sia nei boschi delle rive sia nel pieno greto del fiume. Gli scienziati partivano dall'ipotesi ragionevole che il posto peggiore per crescere i futuri girini fosse il fiume (i cui cambi naturali di portata lascerebbero le uova al sole a seccare e a morire). Invece il Tagliamento è riuscito a sorprendere persino degli svizzeri: i tassi di sopravvivenza più alti sono proprio nel greto. La causa sembra essere il continuo mutamento delle condizioni di vita, una situazione che rende in qualche modo difficoltosa la vita dei girini, ma che contemporaneamente spazza via anche i predatori.

Insomma, le vie della natura sono spesso più sottili della nostra capacità di previsione. Il Tagliamento sembra stare lì per raccontare tutto questo. E per ricordarci che quindi probabilmente dovremmo usare molta cautela nel momento in cui affondiamo le mani in qualsiasi ecosistema. Il suo racconto però ha un limite. È un viaggio nel passato dei fiumi (quando l'intervento umano era minimo) e nel loro futuro (se riusciremo a dare compimento alle direttive europee), ma riesce a dirci poco del presente, in cui i fiumi sono al centro di esasperati conflitti per il loro sfruttamento. Bisognerebbe trovare un luogo in cui tra l'uomo e il fiume è stata combattuta una guerra silenziosa (se vogliamo rassegnarci a usare metafore belliche) che però si è conclusa con un buon armistizio e con le condizioni per una pace duratura. Un posto del genere per fortuna esiste. È un piccolo territorio spartito tra Liguria e Toscana. E allora, voliamo via dalle rive del Tagliamento e atterriamo in queste valli che inverdiscono una delle due ascelle dell'Italia. Per fare l'ultimo *water trip*.

Pochi fiumi sono stati saccheggiati come il Magra. Si è rubato, come di consuetudine, spazio (con case costruite sugli argini) e acqua (captata e intubata), ma c'era anche un altro tesoro che faceva gola. Come in un'opera di Wagner, si nascondeva sul fondo del fiume. Non oro, ma ciottoli, sabbia, ghiaia: i materiali che il fiume sgretola dalle montagne e con i quali l'uomo riesce a costruire ferrovie e infrastrutture, erigere palazzi, lanciare ponti e in genere, realizzare qualsiasi manufatto che concretizzi nel calcestruzzo e nell'asfalto l'astratto concetto di *sviluppo economico*. Negli anni '60 in Italia i fiumi erano la principale miniera di queste ricchezze.

Fare un buco nel fondo di un fiume però ha delle conseguenze. Un corso d'acqua è un qualcosa di dinamico che cerca automaticamente di tornare all'equilibrio. Se si fa un foro, il fiume tenderà a riempire nuovamente il buco, ma dovrà farlo a spese del materiale a monte e a valle. Il buco quindi tende a spalmarsi su tutto l'alveo e il letto del fiume tenderà a sprofondare. L"entità del fenomeno, naturalmente, dipende dal foro iniziale e da quanta sabbia e ghiaia si intende estrarre. Ecco: dal Magra ne sgorgavano quantità inimmaginabili. Si calcola che nel quindicennio che va dal 1958 al 1973 le benne degli escavatori abbiano sottratto 24 milioni di metri cubi di greto. Nello stesso periodo il fiume, secondo le stime più ottimistiche, aveva trasportato solo 7 milioni e mezzo di sedimenti. Mancavano quindi all'appello più di 16 milioni di metri cubi di materiali.

Questa smodata avidità di ghiaia e sabbia ha avuto delle riper-
cussioni, nessuna piacevole. Primo: l'acqua per ripristinare il contenuto di materiale solido è diventata più violenta e aggressiva,
rosicchiando i ponti, erodendo le sponde e facendo franare i versanti. Secondo: le spiagge in fondo al fiume, senza i sedimenti
portati dal corso d'acqua, hanno cominciato ad assottigliarsi
mangiate dal mare, costringendo gli abitanti a costruire faticosamente opere di difesa. Terzo: l'abbassamento del fiume ha trascinato con sé il livello della falda (in quanto l'acqua di superficie e
quella sotterranea sono collegate). E quarto: la scomparsa di
acqua dolce dal terreno ha lasciato il suolo vuoto come una spugna strizzata e preda delle infiltrazioni di acqua di mare. L'aver trasformato il fiume in una miniera, insomma, ha mutato radical-
mente la valle, facendo crollare ponti, lasciando molti pozzi a
secco e portando l'acqua salata fino a 8 chilometri dalla costa.
Proprio un grande affare, non c'è che dire.

In questi anni però il bacino del Magra sta ritrovando sé stesso.
La rapina dell'alveo è stata bloccata e il fondo del fiume è riuscito
a risalire in molti punti, anche se spesso non arriva ancora alla
quota originaria (un fatto che minaccia l'acquifero che disseta la
città di La Spezia). Per velocizzare il processo, la locale Autorità di
bacino sta cercando di capire esattamente, con studi approfondi-
ti, dove si trovino i tratti in erosione, quelli in equilibrio e le zone in
cui invece sta procedendo la sedimentazione. L'idea è quella di
concentrarsi nelle aree critiche per favorire ogni processo che
riporti i sedimenti in acqua. Anche arrivando ad amare le frane.

Bisogna assecondare la franosità di alcuni versanti – afferma
Giuseppe Sansoni, figura storica delle lotte ambientaliste della
vallata e tecnico dell'Autorità di bacino – smettendo di dilapida-
re ingenti somme di denaro nell'inutile tentativo di fermare frane
che si muovono gradualmente da secoli in ambiti disabitati.

Come va affermando da anni, questa "è forse l'unica speranza di
alimentare il trasporto solido degli alvei".

Il problema della sparizione dell'acqua, invece, pare risolto.
È stata la prima preoccupazione dell'Autorità, quando, appena
insediata, si accorse che le nuove concessioni di acqua richieste
avrebbero quasi raddoppiato i prelievi, superando la portata estiva

e, presumibilmente, svuotando il fiume di ogni suo contenuto liquido. Il rumore di acqua gorgogliante che si sente oggi però è inequivocabile. Il Magra sta continuando a fluire. È bastato cambiare le regole. In alcune zone di montagna il prelievo di acqua è stato proibito e un complicato calcolo per le nuove concessioni scoraggia chiunque voglia prendere grandi quantità di acqua per restituirle troppo a valle e impedisce di prelevare per un tratto adeguato a valle di ogni restituzione di acqua: lì il fiume diventa intoccabile per consentire il recupero della sua natura. In nessuna zona d'Italia i fiumi sono trattati con questi guanti di velluto. Certo, non tutto è risolto, ma in queste valli stanno nascendo una moltitudine di progetti che ogni viaggiatore dell'acqua dovrebbe vedere: zone in cui è permesso al fiume di esondare naturalmente, aree in cui i nuovi edifici sono *off limits* e dove l'acqua è libera di rosicchiare le sponde per arricchirsi di sedimenti e persino il progetto, approvato, di far correre l'autostrada Genova-Livorno su un viadotto in maniera che il Magra possa sfogare le sue piene sotto le auto in corsa.

Tra tutte le idee per la salvaguardia dell'acqua in queste valli, però, quella che mi ha appassionato è stata una minuzia. Per scovarla bisogna trasferirsi in una valle secondaria e andare avanti e indietro faticosamente sperando di incapparci. E infine, eccola. Un lembo grigio, pochi metri di cemento. Una straducola costruita troppo vicina all'acqua di un torrente chiamato Parmignola. I progettisti, chiamati dai sindaci della zona a risolvere il problema delle esondazioni sulla carreggiata, si sono trovati davanti alle domande che da millenni tormentano tutti coloro che vivono accanto a un corso d'acqua: Dobbiamo alzare degli argini per frenare la natura? Oppure è meglio creare una cassa artificiale di cemento in cui far confluire l'acqua in caso di piena? La soluzione trovata è stata la più semplice. La strada è stata spostata. *Et voilà!* Ora l'asfalto, che prima correva diritto, si allarga per seguire le pulsazioni del torrente. Una curva modesta – che allunga solo di qualche metro la strada – ma simbolica: la geometria dell'acqua è stata privilegiata rispetto a quella concepita dall'uomo.

Se c'è una morale in tutto questo è che quando si dialoga con la natura bisogna cedere il passo alla lentezza. È vero: l'itinerario più veloce tra due punti è una linea retta. Muoversi sulle circonferenze è più lungo e faticoso. Ne vale la pena? Nelle valli del Magra hanno ritenuto di sì.

Arrivo (e nuova partenza): Acqua 2.0

Ecco, a differenza dell'acqua, che si rigenera di continuo, questo libro e il suo piccolo viaggio di acqua dolce sono finiti. Ma là fuori ci sono ancora molti fiumi – e tubi, canali di scolo, terreni impregnati di acqua, rogge, navigli, torrenti, laghi, rii, pozzi, stagni, fossi, sorgenti – da esplorare. E sulle loro sponde si sono insediati tecnici, agricoltori, ingegneri, scienziati, fontanieri, esperti di marketing, funzionari e tante altre tribù indigene che attendono di essere scoperte.

Chi desidera conoscere meglio l'habitat in cui vive, dovrebbe cominciare a viaggiare lungo questi itinerari. Perché viviamo immersi in uno strano paradosso. Qualche millennio di anni fa, abbiamo costruito una società tecnologica a partire dai fiumi, ma oggi è proprio questa tecnologia a schermarci e allontanarci dall'acqua. Escludiamo la pioggia tramite epidermidi di pietra e acciaio; possiamo bere comodamente estroflettendo le nostre bocche con tubi che si inoltrano verso pozzi e sorgenti lontani; abbiamo allungato l'intestino invitandolo con condotte metalliche a gettare rifiuti in fiumi a chilometri di distanza e persino il nostro sistema nervoso è stato potenziato per riuscire a vedere e ascoltare l'acqua – nonché qualsiasi altra cosa – tramite telecamere e microfoni sparsi su tutto il globo o attraverso gli schermi di un computer. Il risultato di questa iperbole del corpo è che il super-uomo tecnologico rimane chiuso nelle sue stanzette impermeabili a pistolare su internet o con qualche gingillo *high-tech*. E che l'acqua che lo sostiene rimane un posto nella mente, un miraggio di mistero e minaccia, uno spazio di idee e illusioni.

Molte idee che circolano in giro sono fuorvianti. Si sta raccontando che l'acqua sta sparendo, ma non è vero: la stiamo semplicemente usando male, tanto che basta qualche anno siccitoso per mandare in tilt il sistema. Si sta dicendo che multinazionali e aziende private stanno impadronendosi delle sorgenti, ma non è vero: l'acqua non è privatizzata. Semmai sono le autorità pubbliche che affidano i servizi a essere deboli davanti alle Spa che gestiscono un bene collettivo.

Dobbiamo uscire di casa e ridare materia all'acqua. Parlare e vedere le facce di chi si occupa ogni giorno dei nostri fluidi. Trasformare l'ideologia in idrologia. E se ci accorgessimo che qualcosa non torna dobbiamo andare a bussare agli uffici giusti e chiedere che i nostri amministratori ci spieghino quanto sta accadendo. L'acqua è di tutti coloro che la usano (e con questo intendo anche quegli organismi inconsapevoli di vivere in fluido che qualcuno vuole mettere in una lavatrice o in un innaffiatore a pistola da giardino) e la rete di tubi, corsi e canali di acqua dolce ci unisce veramente *tutti*, dal Presidente del Consiglio all'ultima larva di tricottero che vive sul greto di un fiume.

L'acqua è il primo vero *social network*. Per questo le decisioni su chi deve bere e come non possono essere prese in oscuri edifici orwelliani nascosti in qualche piega della città. Devono essere condivise. Sembra un bello slogan concepito proprio per chiudere un libro. Invece è un dovere espressamente previsto dalla nuova Direttiva europea sull'acqua che vincola ogni piano all'approvazione della comunità. E ogni progetto al rispetto del fiume e dei sui ecosistemi.

Certo, lo so. Spesso queste buone idee di partecipazione e dialogo rimangono sulla carta, i funzionari pubblici hanno quell'aria nervosa di chi è stato minacciato di morte o di ritorsioni sulla propria famiglia se solo viene spifferata qualche informazione e gli uffici a cui rivolgersi sembrano inaccessibili mausolei di pietra. Ma è nostro diritto conoscere. E quindi bisogna continuare a bussare alla porta di chi amministra la nostra acqua. *Gutta cavat lapidem*, come si dice. Tanto per finire con uno slogan.

Ringraziamenti

L'idea di questo libro che mi ha trascinato (e infangato) lungo tubi, laghi e fiumi è stata concepita in una taverna piuttosto inconsapevole degli standard della moderna ristorazione, dove ho avuto una lunga conversazione con Manfredi Vale, un idrologo lungo come un fiume e curvo come un meandro per via delle preoccupazioni per lo stato dell'ambiente che ci circonda. A lui, e alla sua passione, va tutto il mio grazie per avermi avviato all'esplorazione. Naturalmente ogni libro, come ogni viaggio, non può essere fatto da solo. Daniele Gouthier mi ha accompagnato a lungo e la sua esperienza editoriale mi ha aiutato a focalizzare i vari capitoli. Andrea Segrè, che presiede la Facoltà di Agraria di Bologna, mi ha introdotto nel mondo dell'agricoltura scientifica. Sono state fondamentali le lezioni e i suggerimenti di Pier Francesco Ghetti, professore, ecologo, ecotossicologo, guru scientifico dei fiumi e scienziato di fama tale da averlo trasformato per un buon periodo Magnifico Rettore di un'università che aggetta (e tende ad affondare) nell'acqua salmastra: Ca' Foscari a Venezia.

Durante le mie ricerche ho ricevuto anche molti altri aiuti. Sono particolarmente grato a Lorenzo Andreotti, giornalista specializzato in agricoltura che mi ha spiegato con infinita pazienza come venisse usata l'acqua sui campi. Ma il mio grazie va anche a tutti gli scienziati, i tecnici e gli esperti che ho incontrato lungo i *water trip*. Solo per citare coloro di cui ho un particolare debito di riconoscenza: Davide Viaggi, Paolo Turin, Francesco Ruggeri, Siro Albertini, Claudia Cerasuolo, Ettore Fanfani, Lucio D'Alberto, Valentina Civano, Stefano Marcon, Manuela Samiolo, Matteo Pompili. E, naturalmente, ringrazio Francesca Boella, preziosa compagna di viaggio.

i blu - pagine di scienza

Water trips
Itinerari acquatici ai tempi della crisi idrica
L. Monaco

Di prossima pubblicazione

Pianeti tra le note
Appunti di un astronomo divulgatore
A. Adamo

I lettori di ossa
C. Tuniz, R. Gillespie, C. Jones

La strana storia della Luce e del Colore
R. Guzzi

ISBN 978-88-470-1368-1

€ 16,00

Finito di stampare nel mese di settembre 2009

Printed in the United States
By Bookmasters